KNX 智能照明系统

施耐德电气绿色低碳产教融合项目系列丛书

组编　施耐德电气(中国)有限公司
　　　国家教材建设重点研究基地(职业教育教材建设和管理政策研究)

主编　孙　健

副主编　卫家鹏　李　树　郑　燕

参　编　史海威　刘振兴　冯世鑫　崔东晓　胡　韬

高等教育出版社·北京

内容简介

本书以施耐德电气KNX实验台的产品为依托,通过学习不同产品的安装接线和功能调试,来了解智能照明系统在现代建筑里的应用。根据职业教育的特点,本书把智能照明系统的各种应用功能分解到不同的工作任务中,促进学生提升其职业能力,使学生在完成工作任务的过程中可以逐步掌握KNX智能照明系统的编程能力。

根据智能照明领域人才的能力要求,本书设计了四个章节的内容,分别是KNX智能照明方案配置、KNX智能照明基础功能调试、KNX智能照明综合功能调试和KNX智能照明系统集成。

本书适合作为中、高等职业院校电气技术专业、自动化技术专业的实验辅助教材,也可作为KNX智能照明系统调试的指导工具书。

图书在版编目(CIP)数据

KNX智能照明系统/施耐德电气(中国)有限公司,国家教材建设重点研究基地(职业教育教材建设和管理政策研究)组编;孙健主编.--北京:高等教育出版社,2021.12(2024.2重印)

ISBN 978-7-04-056795-3

Ⅰ.①K… Ⅱ.①施… ②国… ③孙… Ⅲ.①照明-智能控制-控制系统-高等职业教育-教材 Ⅳ.①TU113.6

中国版本图书馆CIP数据核字(2021)第166955号

KNX ZHINENG ZHAOMING XITONG

| 策划编辑 曹雪伟 | 责任编辑 曹雪伟 | 封面设计 张志奇 | 版式设计 王艳红 |
| 插图绘制 李沛蓉 | 责任校对 刘娟娟 | 责任印制 朱 琦 | |

出版发行	高等教育出版社	网 址	http://www.hep.edu.cn
社 址	北京市西城区德外大街4号		http://www.hep.com.cn
邮政编码	100120	网上订购	http://www.hepmall.com.cn
印 刷	唐山市润丰印务有限公司		http://www.hepmall.com
开 本	787mm×1092mm 1/16		http://www.hepmall.cn
印 张	15.75		
字 数	370千字	版 次	2021年12月第1版
购书热线	010-58581118	印 次	2024年2月第2次印刷
咨询电话	400-810-0598	定 价	49.80元

本书如有缺页、倒页、脱页等质量问题,请到所购图书销售部门联系调换

作为全球能源管理和自动化领域数字化转型的专家,施耐德电气业务遍及全球100多个国家和地区,服务于家居、楼宇、数据中心、基础设施和工业市场,为客户提供能源管理和自动化领域的数字化解决方案,以实现高效和可持续发展。施耐德电气一直将可持续发展作为企业战略核心,并贯穿于业务经营的方方面面。2021年1月发布2021-2025"施耐德电气可持续发展影响指数(SSI)计划",旨在通过积极履行"应对气候变化、高效利用资源、坚持诚实守信、创造平等机会、跨越代际释放潜能、赋能本地发展"六大方面的长期承诺,加速实现其可持续发展愿景。

随着碳达峰、碳中和路线图的铺开,城市和产业的低碳转型及绿色发展成为焦点,大量应用型人才成为产业升级的必须。作为可持续发展战略的重要一环,施耐德电气一直在全球范围内推动职业教育。2016年,在中国发起的"碧播职业教育"计划,致力于发挥企业及其合作伙伴的核心优势,探索出企业与职业教育良性互动、协同发展的人才培养模式,帮助有需要的年轻人有机会成为工业自动化、高端制造和能源管理领域等行业的专业人才并获得合理的职业发展,更好体现其社会价值,同时为中国现代职业教育体系建设做出贡献。现已与全国近百所职业院校和应用型本科院校持续开展合作,培训了近十万名学生。

2021年9月,施耐德电气与中国教育国际交流协会(CEAIE)签署备忘录,将合作推动"施耐德电气绿色低碳产教融合项目"落地,将在绿色能源管理、绿色建筑、绿色制造、工业互联网等专业领域,从四个维度深化校企合作,包括共同制订人才培养方案、共建数字化产业人才培养基地、共创"双师型"教师团队,以及共同打造技术技能创新服务平台等,为行业培养和输送高水平应用型人才。

作为该项目计划的一部分,施耐德电气与华东师范大学合作,共同开发"施耐德绿色低碳产教融合项目"系列丛书。作为国家教材建设重点研究基地、职业教育教材建设和管理政策重点研究基地,华东师范大学徐国庆老师带领的团队长期深耕职业教育教材研究与开发,构建了职业教育新型活页式、工作手册式教材的基础理论体系,所研发的职业教育新形态教材整体开发方案,充分体现了能力本位职业教育的人才培养理念,兼具科学性、创新性和易用性。基于该方法论,区别于传统知识型教学,校企双方共同参与,以实际岗位需求为导向,梳理所需职业能力及相应的工作任务,着重实用的应用型训练,让学生可以在了解当下应用最广泛、最先进的技术和产品的同时,提升技术技能水平。

在此,感谢所有参与教材编写的施耐德电气专家及职业院校资深教师的辛勤付出。

感谢华东师范大学徐国庆老师团队提供的方法论及编写指导。

感谢高等教育出版社的多位专家,在教材的出版过程中给予的大力支持。

当然,作为出版的第一版教材,其中难免存在疏漏与不足。望广大专家、师生予以指正、反馈,我们定当虚心接纳,不断改进。

施耐德电气(中国)有限公司

2021 年 10 月

目　录

第1章　KNX 智能照明方案配置 ……… 1

1.1　控制需求分析 ……………………… 1

  1.1.1　能了解传统照明与智能照明 ……… 1

    一、核心概念 ……………………… 1

    二、学习目标 ……………………… 1

    三、基本知识 ……………………… 1

    四、能力训练 ……………………… 4

  1.1.2　能熟悉 KNX 智能照明系统架构 … 6

    一、核心概念 ……………………… 6

    二、学习目标 ……………………… 7

    三、基本知识 ……………………… 7

    四、能力训练 ……………………… 8

  1.1.3　能根据需求规划智能照明方案 … 11

    一、核心概念 ……………………… 11

    二、学习目标 ……………………… 11

    三、基本知识 ……………………… 11

    四、能力训练 ……………………… 13

1.2　控制方案设计 ……………………… 15

  1.2.1　能对照明图纸进行识读 ………… 15

    一、核心概念 ……………………… 15

    二、学习目标 ……………………… 15

    三、基本知识 ……………………… 15

    四、能力训练 ……………………… 16

  1.2.2　能计算受控回路电流 …………… 20

    一、核心概念 ……………………… 20

    二、学习目标 ……………………… 20

    三、基本知识 ……………………… 20

    四、能力训练 ……………………… 21

  1.2.3　能设计控制设备清单 …………… 22

    一、核心概念 ……………………… 22

    二、学习目标 ……………………… 22

    三、基本知识 ……………………… 23

    四、能力训练 ……………………… 25

  1.2.4　能绘制智能照明平面图 ………… 28

    一、核心概念 ……………………… 28

    二、学习目标 ……………………… 28

    三、基本知识 ……………………… 28

    四、能力训练 ……………………… 30

  1.2.5　能绘制智能照明系统图 ………… 33

    一、核心概念 ……………………… 33

    二、学习目标 ……………………… 33

    三、能力训练 ……………………… 33

第2章　KNX 智能照明基础功能
　　　　调试 ………………………… 37

2.1　ETS5 软件的使用 ………………… 37

  2.1.1　能对 ETS5 软件进行安装 ……… 37

    一、核心概念 ……………………… 37

    二、学习目标 ……………………… 37

    三、基本知识 ……………………… 37

    四、能力训练 ……………………… 38

  2.1.2　能在 ETS5 软件里创建项目 …… 42

    一、核心概念 ……………………… 42

    二、学习目标 ……………………… 43

    三、基本知识 ……………………… 43

    四、能力训练 ……………………… 44

  2.1.3　能熟悉使用 ETS5 软件进行
　　　　　编程 ……………………… 51

    一、核心概念 ……………………… 51

    二、学习目标 ……………………… 52

    三、基本知识 ……………………… 52

四、能力训练 ……………………… 55

2.2　开闭控制功能设置 …………… 57

2.2.1　能熟悉开关控制模块 ………… 57

一、核心概念 ……………………… 57

二、学习目标 ……………………… 57

三、基本知识 ……………………… 58

四、能力训练 ……………………… 59

2.2.2　能对开关控制模块进行安装

接线 ……………………… 61

一、核心概念 ……………………… 61

二、学习目标 ……………………… 61

三、基本知识 ……………………… 62

四、能力训练 ……………………… 64

2.2.3　能对开关控制模块进行基础功能

调试 ……………………… 66

一、核心概念 ……………………… 66

二、学习目标 ……………………… 66

三、基本知识 ……………………… 66

四、能力训练 ……………………… 67

2.2.4　能对开关控制模块进行高阶功能

调试 ……………………… 72

一、核心概念 ……………………… 72

二、学习目标 ……………………… 74

三、基本知识 ……………………… 74

四、能力训练 ……………………… 74

2.3　调光控制功能设置 …………… 80

2.3.1　能了解主要的调光控制方式 …… 80

一、核心概念 ……………………… 80

二、学习目标 ……………………… 81

三、基本知识 ……………………… 81

四、能力训练 ……………………… 82

2.3.2　能对通用调光模块进行接线 …… 87

一、核心概念 ……………………… 87

二、学习目标 ……………………… 88

三、基本知识 ……………………… 88

四、能力训练 ……………………… 90

2.3.3　能对 0~10 V 调光模块进行

接线 ……………………… 93

一、核心概念 ……………………… 93

二、学习目标 ……………………… 93

三、基本知识 ……………………… 93

四、能力训练 ……………………… 95

2.3.4　能对调光控制模块进行基础功能

调试 ……………………… 98

一、核心概念 ……………………… 98

二、学习目标 ……………………… 99

三、基本知识 ……………………… 99

四、能力训练 ……………………… 100

2.3.5　能对调光控制模块进行高阶功能

调试 ……………………… 103

一、核心概念 ……………………… 103

二、学习目标 ……………………… 104

三、基本知识 ……………………… 104

四、能力训练 ……………………… 108

2.3.6　能对 KNX-DALI 网关模块进行

功能调试 ……………………… 113

一、核心概念 ……………………… 113

二、学习目标 ……………………… 114

三、基本知识 ……………………… 114

四、能力训练 ……………………… 115

2.4　窗帘控制功能设置 …………… 119

2.4.1　能熟悉电动窗帘控制模块 …… 119

一、核心概念 ……………………… 119

二、学习目标 ……………………… 119

三、基本知识 ……………………… 120

四、能力训练 ……………………… 120

2.4.2　能对窗帘控制模块进行接线 …… 123

一、核心概念 ……………………… 123

二、学习目标 ……………………… 124

三、基本知识 ……………………… 124

四、能力训练 ……………………… 125

2.4.3　能对窗帘控制模块进行基础功能

调试 ……………………… 126

一、核心概念 ……………………… 126

二、学习目标 ……………………… 126

三、基本知识 ……………………… 126

四、能力训练 ················ 127

2.4.4 能对窗帘控制模块进行高阶功能
调试 ················ 130

一、核心概念 ················ 130

二、学习目标 ················ 131

三、基本知识 ················ 131

四、能力训练 ················ 132

第3章 KNX智能照明综合功能
调试 ················ 137

3.1 场景功能实现 ················ 137

3.1.1 能在智能控制面板中设置
场景 ················ 137

一、核心概念 ················ 137

二、学习目标 ················ 137

三、基本知识 ················ 137

四、能力训练 ················ 138

3.1.2 能在各控制模块中设置场景 ······ 150

一、核心概念 ················ 150

二、学习目标 ················ 150

三、基本知识 ················ 150

四、能力训练 ················ 150

3.1.3 能通过单个按键调用多个
场景 ················ 158

一、核心概念 ················ 158

二、学习目标 ················ 158

三、基本知识 ················ 158

四、能力训练 ················ 159

3.2 感应控制功能设置 ················ 166

3.2.1 能熟悉红外感应器的参数和
功能 ················ 166

一、核心概念 ················ 166

二、学习目标 ················ 167

三、基本知识 ················ 167

四、能力训练 ················ 168

3.2.2 能熟悉红外移动感应器的基础
功能调试 ················ 169

一、核心概念 ················ 169

二、学习目标 ················ 169

三、基本内容 ················ 169

四、能力训练 ················ 169

3.2.3 能熟悉红外移动感应器的高阶
功能调试 ················ 174

一、核心概念 ················ 174

二、学习目标 ················ 175

三、基本内容 ················ 175

四、能力训练 ················ 175

3.2.4 能熟悉照度感应器的基础功能
调试 ················ 179

一、核心概念 ················ 179

二、学习目标 ················ 180

三、基本内容 ················ 180

四、能力训练 ················ 180

3.3 综合应用场景实现 ················ 184

3.3.1 能熟悉办公楼智能照明的综合
应用功能 ················ 184

一、核心概念 ················ 184

二、学习目标 ················ 184

三、基本知识 ················ 185

四、能力训练 ················ 185

3.3.2 能熟悉体育场馆智能照明的综合
应用功能 ················ 192

一、核心概念 ················ 192

二、学习目标 ················ 192

三、基本知识 ················ 192

四、能力训练 ················ 192

3.3.3 能熟悉园区亮化智能照明的综合
应用功能 ················ 201

一、核心概念 ················ 201

二、学习目标 ················ 201

三、基本知识 ················ 201

四、能力训练 ················ 202

第4章 KNX智能照明系统集成 ····· 208

4.1 中控管理平台设置 ················ 208

4.1.1 能完成KNX系统的组网及过滤
控制 ················ 208

一、核心概念 ················ 208

二、学习目标 ……………… 208

三、基本知识 ……………… 208

四、能力训练 ……………… 211

4.1.2 能对 WinSwitch 中控平台软件

进行调试 ……………… 216

一、核心概念 ……………… 216

二、学习目标 ……………… 217

三、基本知识 ……………… 217

四、能力训练 ……………… 217

4.2 KNX 智能照明系统集成 ……… 225

4.2.1 能通过 BACnetIP 方式进行系统

集成 ……………… 225

一、核心概念 ……………… 225

二、学习目标 ……………… 226

三、基本知识 ……………… 226

四、能力训练 ……………… 227

4.2.2 能通过 OPC 方式进行系统

集成 ……………… 232

一、核心概念 ……………… 232

二、学习目标 ……………… 232

三、基本知识 ……………… 232

四、能力训练 ……………… 234

参考文献 ……………… 240

第1章

KNX智能照明方案配置

1.1 控制需求分析

1.1.1 能了解传统照明与智能照明

一、核心概念

1. 传统照明系统

传统照明系统一般是指只能实现开、关操作的照明设备,也有能调节亮度的照明设备,但都需要人为操作,无法满足现代社会节能环保的需要,并且其布线十分烦琐,耗费资源,如果用户后期有照明方面的改造需求,必须重新设计图纸,安装新的元器件并更改实际线路的连接,投入经费较多。

2. 智能照明系统

智能照明系统是指对灯光进行智能控制与管理的系统。与传统照明系统相比,它可实现灯光软启动、全自动调光、一键场景、一对一遥控及分区灯光全开、全关等功能,并可以采用遥控、定时、集中、远程等多种控制方式进行智能控制,从而实现节能、环保、舒适、方便的目的。

二、学习目标

1. 能根据需求绘制传统照明电路原理图及接线图;

2. 能完成单控、双控照明电路的设计,能使用施耐德电气传统照明控制柜完成单控电路的连接;

3. 能了解智能照明系统的应用领域及前景;

4. 能根据需求绘制照明电路原理图及接线图。

三、基本知识

1. 传统照明系统的结构特点

传统照明系统的每一种控制功能必须连接一根或多根线缆,更多的控制功能要连接更多的线缆,每一个控制功能必须在安装前确定详细的安装位置与控制方案,如果控制功能需要变更,必须更改实际的连接线路,每一个设备只能完成一种功能。即使是很基础的多个系统的集成也会变得非常复杂,耗费很多的经费。传统照明系统的结构如图1-1所示,输出部分一般为灯具、空调、电热炉等,而输入部分为开关、光电开关、温控传感器等,一旦控制功能有所增加或发生改变,必须重新设计电路图,重新完成所有输入/输出设备的安装和接线。

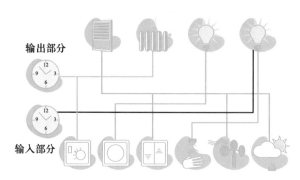

图1-1　传统照明系统的结构

2. 智能照明系统的结构特点

智能照明系统将设备的电源线路与通信线路分开,只有一根通信总线用于所有信息的传递,所有的功能可通过编程实现。输入与输出设备之间的逻辑连接替代了原有的物理线路连接,改变控制功能不涉及物理安装线路的修改,一台设备可以完成多种控制功能,能方便地进行各种功能的复杂集成。智能照明系统的结构如图1-2所示,输出部分一般为灯具、空调、电热炉、风扇及各类控制阀等,而输入部分一般为智能开关、光电开关、温控传感器等,一旦控制功能有所增加或发生改变,无须改变已有输入和输出部分的物理接线,只需要完成新增输入和输出部分的安装接线,并在KNX系统软件里完成对新的输入部分及输出控制模块的编程即可。

3. 传统单控及双控照明电路

传统单控照明电路实物连接图如图1-3所示,接线原则为相线必须进开关,照明设备(灯泡等)的左边接零线,右边接开关引出的相线。

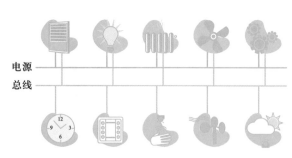

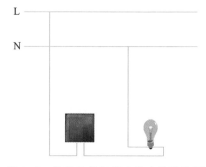

图1-2　智能照明系统的结构　　　　　图1-3　传统单控照明电路实物连接图

若传统照明电路需要完成多盏灯一控电路,则必须改变输入开关部分的逻辑接线,使多盏灯并联在电路中,完成一个开关同时控制多个灯的亮灭。

传统双控照明电路的原理图如图1-4所示,双控电路即采用两个开关在不同的地方控制一盏灯的亮灭,如上下楼梯的照明灯一般采用双控电路,该电路必须使用两个双联开关来完成。双联开关内部有三个接线桩,相线先接第一个双联开关的 L,两个双联开关的 L1、L2 一一对接后,相线接至第二个双联开关的 L 后再接至照明设备,照明设备(灯泡等)的左边接零线,右边接从开关引出的相线。传统双控照明电路实物接线图如图 1-5 所示。

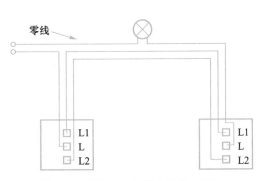

图 1-4　传统双控照明电路的原理图

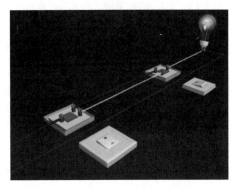

图 1-5　传统双控照明电路实物接线图

4. 智能照明系统控制一盏灯或多盏灯

由于智能照明系统的电源线路与 KNX 总线(通信总线)是分开的,因此智能照明系统智能控制面板可在不改变输入逻辑接线的情况下,可分别控制一盏灯或者多盏灯,只需要更改内部程序,并下载到智能控制面板及开关控制模块中,并在开关控制模块中增接灯即可。智能照明系统控制两盏灯的电路如图 1-6 所示,智能照明系统控制四盏灯的电路如图 1-7 所示。

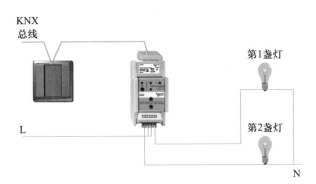

图 1-6　智能照明系统控制两盏灯的电路图

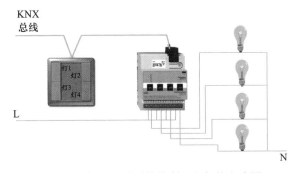

图 1-7　智能照明系统控制四盏灯的电路图

5. 智能照明系统的应用领域及前景

智能照明系统凭借安全节能、智能控制、个性化及人性化设计等特点,在公共设施领域、办公建筑领域、家居领域等有较好的应用前景。

（1）公共设施领域

智能照明系统在公共设施领域的应用非常重要。公共设施照明涵盖范围比较广,包括街道、车站、机场、地铁站、地下停车场、学校、图书馆、医院、体育馆、博物馆等场所的照明。

智能照明系统在这些场所承担着重要的角色。通过智能照明系统可以预设灯具开关数量和时间,也可以设置亮度;室外照明可以根据自然光源的亮度自动调节合适的照度（光照强度）;室内的照明也可以根据不同的需求,随着季节和天气的变化,自动调节适宜的照度。

（2）办公建筑领域

大气而美观的办公环境,明亮而舒适的灯光;走进会议室,灯光自动打开,通过预先编程的智能照明系统自动控制灯光的照度和数量,将室内的灯光调节到最合适的开会状态;会议结束离开会议室,灯光自动关闭;当窗外的自然光线在变化,室内的灯光也随之自动调整,自动节约电能……如此先进的办公照明环境,如今已经开始在很多大型的办公楼里呈现。智能照明系统的自动感应控制装置可以有效地利用自然光,使照明环境保持恒照度,更可以自动关闭没有人员的区域的照明设备,将不必要的能耗降到最低。随着日常工作的日渐繁忙,人们在办公室工作的时间也越来越长,对工作环境的关注也愈加重视,高品质的智能化办公照明系统进驻办公室,将提升人们的工作效率。

（3）家居领域

随着科技的发展和人民生活水平的提高,人们对家庭的照明系统提出了新的要求,除了要控制照明光源的发光时间、照度,还要与家居系统配合,针对不同的生活场景营造相应的灯光效果,更要考虑控制智能化和操作简单化以及灵活性来适应未来照明布局和控制方式变更等要求。照明控制的智能化,使室内所有灯可以按照预先设置的方式工作,这些预设的工作状态会按设定的程序循环执行。智能照明系统还可以很好地利用室外自然光,根据天气的不同而变化,调整照度到最合适的水平。

四、能力训练

1. 操作条件

① 掌握传统照明系统的相关基础知识;

② 能使用电工基本工具进行简单操作,能使用电工测量工具进行电路通断测量;

③ 熟悉施耐德电气传统照明试验箱。

2. 安全及注意事项

① 施耐德电气传统照明实验箱的工作电源电压均为 220 V,在操作过程中应单手操作,并且穿上绝缘鞋。

② 接线完成后经教师同意方可进行通电。

3. 操作过程

序号	步骤	操作方法及说明	质量标准
1	检查施耐德电气传统照明实验箱有无异常	观察施耐德电气传统照明实验箱元器件是否齐全,有无脱线等现象	施耐德电气传统照明实验箱元器件安装情况如下图所示
2	给施耐德电气传统照明实验箱通电	观察实验箱背面的电源箱是否完好,将插头插入实验箱单相插座	将插头插入实验箱单相插座,并合上电源开关,如下图所示
3	检查电源是否引入	将低压断路器(空气开关)推上送电,若右边指示灯亮,说明电源能正常引入	将实验箱上的低压断路器推上送电,右边指示灯应该亮,如下图所示
4	按照传统单控照明电路图进行接线	将低压断路器推下断电,开始接线,检查确认线路正确后,合上低压断路器,按下控制按钮,观察灯的亮灭	接线完成并检查后,按下控制按钮,灯的亮灭如下图所示

5

4. 学习结果评价

序号	评价内容	评价标准	评价结果
1	认识及选择传统照明电路基本元器件	认识传统照明电路元器件,能根据需求选择元器件	
2	使用施耐德电气传统照明实验箱完成传统单控照明电路的搭接	1. 完成接线; 2. 能检查线路的正确性; 3. 通电试车完成	
3	根据需求绘制传统照明电路原理图及接线图	1. 能根据需求绘制传统照明电路的原理图及接线图; 2. 按照图纸接线,完成通电试车	
4	理解传统照明系统和智能照明系统的异同,将传统单控照明电路改为智能单控照明电路	能画出智能单控照明电路图	

5. 课后作业

① 思考如何使用三个开关在不同地方来控制一盏灯,完成实现三地控制的传统照明电路图的设计。

② 思考如何用智能照明系统来实现两地控制一盏灯及三地控制一盏灯的控制要求。

1.1.2　能熟悉 KNX 智能照明系统架构

一、核心概念

1. KNX 智能照明系统结构原理

KNX 智能照明系统使用 KNX 总线结构,控制模块均选择满足 KNX 总线协议的智能照明产品模块,主要包括系统电源模块、开关控制模块、调光控制模块、智能控制面板和感应模块等。系统上的所有元器件,可以一对一地独立工作,也可以相互组合工作。KNX 智能照明系统结构原理如图 1-8 所示。

图 1-8　KNX 智能照明系统结构原理图

2. KNX 智能照明系统架构

KNX 智能照明系统的基本架构是由 KNX 元器件通过总线连接成一条支线(Line),再由几条支线组成一个区域(Area),然后几个区域构成一个大的系统。其中,一条支线可以最多连接 64 个 KNX 总线元器件,每个区域最多可以容纳 15 条支线,每个系统最多可以有 15 个区域,KNX 智能照明系统架构如图 1-9 所示。

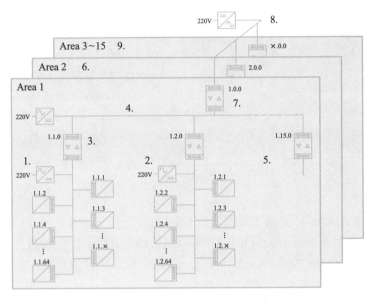

图 1-9　KNX 智能照明系统架构

二、学习目标

1. 能理解 KNX 智能照明系统中点、线、域的涵义,会编制 KNX 智能照明系统的物理地址;
2. 会构建并能绘制出 1~2 条支线网络的 KNX 拓扑图。

三、基本知识

1. KNX 智能照明系统中点、线、域的含义

KNX 智能照明系统中的点指的是 KNX 元器件。KNX 元器件安装在 KNX 总线上。如果一条 KNX 总线上需要的元器件超过 64 个,则需要另外添加一条 KNX 总线;1 个域中最多可以添加 15 条 KNX 总线;KNX 智能照明系统中最多可以添加 15 个域。

2. KNX 元器件的物理地址含义

KNX 元器件的物理地址表达方式为"$X.Y.Z$",其中,X 表示域,域的取值应在 1~15 之间选取,Y 表示线,线的取值应在 1~15 之间选取,Z 表示点,点的取值应在 0~63 之间选取。KNX 元器件的物理地址选取可参照图 1-10 完成。

3. KNX 组地址的含义

KNX 组地址表达方式为"主/中/次"三级,其作用是在输入对象与输出对象之间建立连接,通过组地址发送不同的控制指令,来实现控制功能。

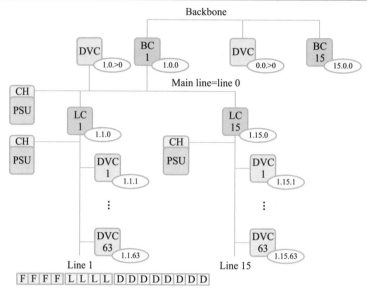

图 1-10　KNX 元器件物理地址的选取

4. 会构建并能绘制出 1~2 条支线网络的 KNX 拓扑图

当 KNX 智能照明系统只有 1 条支线时,可以不使用耦合器;当 KNX 智能照明系统中的支线超过 2 条(包括 2 条时),每条支线上必须有一个耦合器。耦合器作为支线耦合器的系统连接示意图如图 1-11 所示。

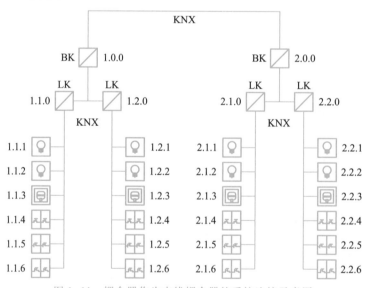

图 1-11　耦合器作为支线耦合器的系统连接示意图

四、能力训练

1. 操作条件

① 掌握智能照明系统的相关基础知识;

② 能使用电工基本工具进行简单操作,能使用电工测量工具进行电路通断测量;

③ 熟悉施耐德电气智能照明实验台。

2. 安全及注意事项

① 施耐德电气智能照明实验台的工作电源电压均为 220 V,在操作过程中应单手操作,并且穿上绝缘鞋;

② 接线完成后经教师同意方可进行通电。

3. 操作过程

序号	步骤	操作方法及说明	质量标准
1	检查施耐德电气智能照明实验台有无异常	观察施耐德电气智能照明实验台元器件是否齐全,有无脱线等现象	施耐德电气智能照明实验台上智能照明产品模块元器件应齐全,无脱线现象,如下图所示
2	在施耐德电气智能照明实验台上找到系统电源模块和耦合器	根据施耐德电气智能照明实验台上各元器件的型号,绘制出元器件布置图	绘制出施耐德电气智能照明实验台上智能照明产品模块元器件、灯具及其他控制负载元器件布置图,如下图所示

序号	步骤	操作方法及说明	质量标准
3	根据本小节的内容,绘出施耐德电气智能照明实验台 KNX 系统构架图	绘制出施耐德电气智能照明实验台 KNX 系统构架图,并标出各个元器件的名称	以下图为蓝本,绘制出施耐德电气智能照明实验台 KNX 系统构架图,并标出各个智能控制元器件的名称 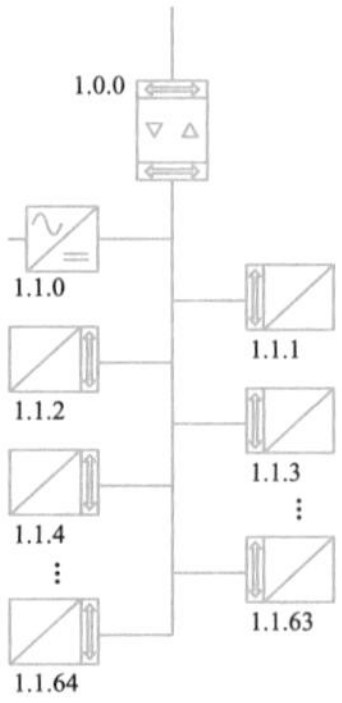 1.0.0 1.1.0 1.1.1 1.1.2 1.1.3 1.1.4 1.1.63 1.1.64

4. 学习结果评价

序号	评价内容	评价标准	评价结果
1	认识施耐德电气智能照明实验台上的各个元器件,能说出名称及用途	1. 认识施耐德电气智能照明实验台上的各个元器件; 2. 写出智能控制元器件的名称及用途	
2	绘制出元器件布置图	1. 各元器件位置正确; 2. 智能控制元器件的名称标注正确	
3	绘出一个施耐德电气智能照明实验台 KNX 系统构架图	1. 智能控制元器件的物理地址标注正确; 2. 智能控制元器件的名称标注正确; 3. 智能控制元器件系统构架连接正确	
4	绘出两个施耐德电气智能照明实验台 KNX 系统构架图	1. 两组智能控制元器件的物理地址标注正确; 2. 两组智能控制元器件的名称标注正确; 3. 两组智能控制元器件系统构架连接正确	

5. 课后作业

① 什么是 KNX 智能照明系统？

② KNX 智能照明系统有什么优点？

③ KNX 智能照明系统对于域、支线、设备分别有哪些数量上的要求？

1.1.3　能根据需求规划智能照明方案

一、核心概念

1. 智能照明系统

智能照明系统是基于计算机控制平台的全数字、模块化、分布式总线型控制系统。中央处理器与其他模块之间通过网络总线直接通信,利用总线使照明、窗帘、场景控制等实现智能化,并成为一个完整的总线系统。可依据外部环境的变化自动调节总线中设备的状态,达到安全、节能、人性化的效果,并能在今后的使用中根据用户的要求通过计算机重新编程来增加或修改系统的功能,而无须重新敷设电缆。智能照明系统的可靠性高,控制灵活,是传统的照明控制方式所无法比拟的。

2. 智能照明系统可实现的控制功能

① 定时控制:预设时间,执行指定的控制指令;

② 亮度控制:在有自然光照射的场所,依据室外自然光的光照强度来控制室内或室外照明的亮度或者自动开关相应的灯具,比如黄昏的时候,就会自动打开道路上的路灯;黎明的时候,就会自动关闭相应的室外灯光;

③ 智能面板控制:在可编程面板中预设控制指令,并由面板按键发出。

④ 场景控制:不同的照明灯具、窗帘、空调或其他受控设备同一时间完成预设的命令;

⑤ 集中控制:由上位机管理软件集中发出控制指令。

二、学习目标

1. 智能照明系统的原理与组成;

2. 智能照明系统的设计思路及设计步骤;

3. 以施耐德电气智能照明实验台为平台,为某智能客厅设计智能照明控制方案。

三、基本知识

1. 智能照明系统的组成

智能照明系统主要由控制模块(如调光控制模块、开关控制模块等)、智能输入模块(如智能控制面板、智能传感器等)、通信模块(含传输介质、总线耦合器等)、应用软件和监控计算机等组成。

2. 智能照明系统的设计思路

智能照明系统的功能是可根据某一区域的功能和每天不同的时间段室外自然光的亮度来自动控制照明,其设计思路是对控制模块进行预设编程,以实现对于照明亮度的控制设置,也可将这些设置做成场景,由智能控制面板或智能传感器调用。智能照明系统的设计主要考虑如下因素:光源的综合设计、灯具选择及控制模块选择。

（1）光源的综合设计

建筑物内尽量利用自然光,靠近室外的部分,应将门窗开大,并采用透光率较好的玻璃门窗,以达到充分利用自然光的目的。凡是可以利用自然光照明的部分,可按照度标准检测现场照度进行灯光自动调节,达到满足照明要求又节能的效果。如可通过有控光功能的建筑设备(如百叶帘)来调节控制自然光,还可以和灯光系统联动,当天气发生变化时,系统能够自动调节,无论在什么场所或天气如何变化,系统均能保证室内的照度维持在预先设定的水平。智能照明系统可采用全自动控制,系统有若干个基本状态,这些状态会按预先设定的时间相互自动切换,并将照度自动调整到最适宜的水平。

（2）灯具的选择

照明灯具要根据各房间的不同功能和要求区别对待,尽可能做到既使用方便,又节约电能。智能照明系统能对大多数灯具(包括白炽灯、荧光灯、配以特殊镇流器的钠灯、水银灯、霓虹灯等)进行智能调光,在需要的时间、为需要的地方提供充分的照明,及时关掉不需要的灯具,充分利用自然光。使用智能照明系统一般可以节约 20% ~ 40% 的电能,不但降低了用户电费支出,也减轻了供电压力。

（3）控制模块的选择

控制模块的选择要根据各房间的不同功能和要求区别对待,尽可能做到即使用方便,又节约电能。

3. 智能照明系统的设计步骤

（1）选用适当技术规格的灯具及控制模块

① 按电光源性质和根据场地照明效果设计的灯光布置进行回路的分类或分组,形成逻辑上可以独立控制的灯路;

② 计算每条回路的实际视在功率并统计系统总回路数;

③ 按计算出的功率和回路数选择相应型号、规格和数量的控制模块;

④ 绘制控制模块与灯具的连接电路。

（2）选择满足用户使用要求的输入设备

智能控制面板的操作方式与常规使用的开关面板相似。不同的是智能控制面板上的每个控制按键能完成各种不同的智能任务,并不受控制区域范围限制,并在智能控制面板上标出控制对象。

（3）形成智能照明系统架构图

为所有灯具、控制模块、智能控制面板、传感器画通信线,选配其他控制辅件,如电源及线路耦合器等,绘制出 KNX 网络拓扑图。

4. 客厅智能照明设计方案

客厅是一家人主要的活动场所,需要实现白炽灯、荧光灯、窗帘等各种设备的智能控制,客户要求使用八键智能控制面板及存在感应器完成以下各控制功能。

① 由八键智能控制面板按键 1~3 来控制客厅区域两组荧光灯各自的亮灭及调光;

② 由八键智能控制面板按键 4~7 来控制客厅窗帘的一键开合及点动开合位置调节;

③ 由八键智能控制面板按键 8 来控制客厅区域调光灯(第三组白炽灯)的亮亮调节；

④ 由存在感应器可实现门厅白炽灯的亮灭(第一、第二组白炽灯)，人来即亮，人走 10 s 后灭。

四、能力训练

1. 操作条件

① 掌握智能照明系统的相关基础知识；

② 能使用电工基本工具进行简单操作，能使用电工测量工具进行电路通断测量；

③ 熟悉施耐德电气智能照明实验台。

2. 安全及注意事项

① 施耐德电气智能照明实验台的工作电源电压均为 220 V,在操作过程中应注意单手操作,并且穿上绝缘鞋。

② 接线完成后经教师同意方可进行通电。

3. 操作过程

序号	步骤	操作方法及说明	质量标准
1	检查施耐德电气智能照明实验台有无异常	观察施耐德电气智能照明实验台元器件是否齐全,有无脱线等现象。以施耐德电气智能照明实验台为平台,为某智能客厅做智能照明设计方案	施耐德电气智能照明实验台上智能照明产品模块元器件应齐全,无脱线现象,如下图所示
2	客厅各个照明灯路的设计	1. 设计客厅两个荧光灯电路； 2. 设计客厅窗帘控制电动机电路； 3. 设计客厅调光白炽灯电路； 4. 设计门厅白炽灯自动亮灭电路	1. 画出各个控制电路的接线图,如下图所示； L N 2. 计算各个控制电路的电流和功率； 3. 为各控制电路选择对应的控制模块,并将其标在各个电路图旁

续表

序号	步骤	操作方法及说明	质量标准
3	选择满足用户使用要求的输入设备	根据客户需求,选择施耐德电气八键智能控制面板和存在感应器作为输入设备	在下图中标出施耐德电气八键智能控制面板各个控制按键的作用 

4. 学习结果评价

序号	评价内容	评价标准	评价结果
1	调研智能客厅客户的需求并能准确复述需求	1. 认识施耐德电气智能照明实验台上的各个元器件; 2. 准确复述客户需求; 3. 找出施耐德电气智能照明实验台实现客户需求对应的元器件	
2	完成客厅各个照明灯路的设计,画出电路图,计算各个灯路的功率,选择各控制模块并在各个电路旁边进行标注	1. 设计客厅两个荧光灯电路; 2. 设计客厅窗帘控制电动机电路; 3. 设计客厅调光白炽灯电路; 4. 设计门厅白炽灯自动亮灭电路	
3	选择用户要求使用的输入设备	根据客户需求,选择施耐德电气八键智能控制面板和存在感应器(带耦合器光感红外)作为输入设备,并在面板上标出控制对象予以区分	

5. 课后作业

① 施耐德电气八键智能控制面板的控制通道顺序是如何排布的?

② 如何对白炽灯螺纹灯座进行正确接线?

③ 在照明电路安装接线及通电过程中,有哪些必须遵守的安全规程?

1.2 控制方案设计

1.2.1 能对照明图纸进行识读

一、核心概念

1. 照明工程图
一般包括照明电气系统图、照明平面图及照明配电箱安装图等。
2. 电气系统图
表示建筑物内外配电线路控制关系的线路图,根据负载性质不同可分为照明系统图、动力系统图和电话系统图等。
3. 照明平面图
在照明平面图上需要表达的内容主要有电源进线位置、导线根数及敷设方式,灯具位置、型号及安装方式,各种用电设备的位置等。

二、学习目标

1. 能说出照明工程图中图形符号及文字符号所表达的含意;
2. 对照明系统图内容、设备、器具、材料有初步认识;
3. 掌握照明图纸的读图方法;
4. 具备照明图纸会审能力。

三、基本知识

照明系统图(见图1-12)表达的内容:在照明系统图各条配电回路上,标出该回路编号和照明设备的总容量(其中包括照明灯具电风扇、插座和其他用电器具等的容量)。照明系统图一般都是用单线条表示。各回路的断路器型号和容量都相同时,可以只标注配电系统最上面的回路。

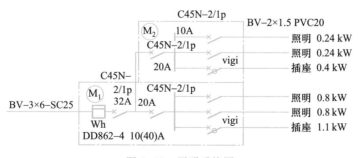

图1-12 照明系统图

照明平面图(见图1-13)表达的内容:照明灯具在平面图上往往用图形符号和文字符号标

注。灯具的一般符号是一个圆,单管荧光灯的符号是中间一竖很长的"工"字。插座符号内涂黑表示嵌入墙内安装。

照明平面图经常用一般符号加以变化来表示不同的灯(见图1-14),比如将圆圈下部涂黑表示壁灯。照明开关也是这样,将一般符号上加一条短线表示单极搬把开关,加上两条短线表示双联开关,加上 n 条短线表示 n 联开关。写一个 t 表示延时开关,小圆圈两边出线表示双控开关,加一个箭头表示拉线开关等等。

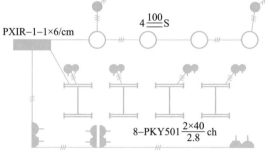

图 1-13　照明平面图

名称	符号	名称	符号
灯具一般符号	 ⊗	防水防尘灯	 ⊙
深照灯		荧光灯一般符号	 ⊢—⊣
广照灯		三管荧光灯	
球形灯	●	五管荧光灯	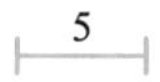 5
吸顶灯		专用电路上的事故照明灯	✕
壁灯		自带电源的事故照明灯	
花灯	 ⊕	墙上灯座	

图 1-14　灯具图例

四、能力训练

1. 操作条件

KNX 智能照明系统、图纸、勘查现场。

2. 安全及注意事项

认真保护图纸,不要在图纸中乱涂乱画。

3. 操作过程

以智能照明实训室项目为例,了解相关照明图纸。智能照明实训室照明平面图如图1-15所示。智能照明实训室配电系统图如图1-16所示。

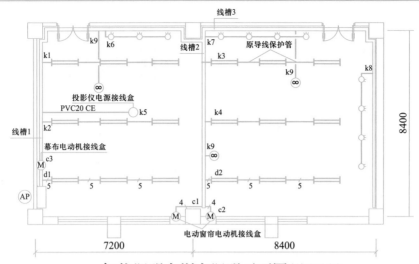

智能照明实训室照明平面图(1)1:100

图 1-15　智能照明实训室照明平面图

注：本图中导线未标注根数者，均为 BV-3×2.5(LNPE)，因为在 TN-S 系统中的灯具是需要连接 PE 线的。

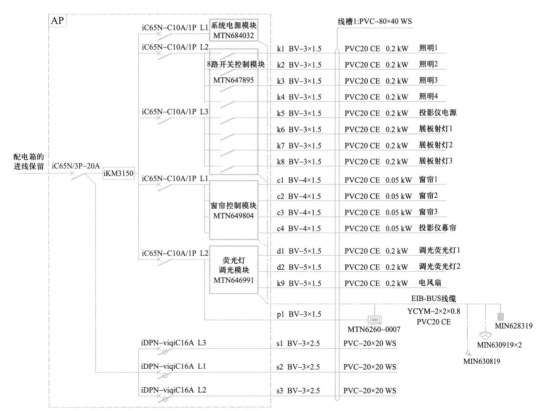

智能照明实训室配电系统图
(原动力配电箱改造)

图 1-16　智能照明实训室配电系统图

序号	步骤	操作方法及说明	质量标准
1	读图的原则及读图顺序	一般遵循"六先六后"的原则。即:先强电后弱电、先系统后平面、先动力后照明、先下层后上层、先室内后室外、先简单后复杂。拿到图纸后可以按以下顺序进行读图,逐步了解项目内容 标题栏 ⇒ 目录 ⇒ 设计说明 ⇒ 图例 系统图 ⇒ 平面图 ⇒ 接线图 ⇒ 标准图	能从不同的图纸中找到需要的图纸,能分清图纸名称
2	看标题栏	了解工程项目名称、建设单位、日期、比例等信息 <table><tr><td></td><td></td><td>建设单位</td><td>工程编号</td></tr><tr><td></td><td></td><td>项目名称</td><td>专业阶段 电气、施工图</td></tr><tr><td>批准</td><td>审核</td><td>子项名称</td><td>总数</td></tr><tr><td>技术负责人</td><td>校对</td><td rowspan=3>图名</td><td>序号</td></tr><tr><td>项目负责人</td><td>设计</td><td>比例</td></tr><tr><td>审定</td><td></td><td>日期</td></tr></table>	能找到图纸标题栏,并能通过标题栏对工程项目有一定的了解
3	看目录	了解单位工程图纸的数量及各种图纸的序号,如下图所示 **智能照明实训室项目图纸目录** **智能照明实训室平面图(1)1:100** ·············· 1 **智能照明实训室平面图(2)1:100** ·············· 2 **智能照明实训室配电线槽及插座平面图1:100** ·········· 3 **智能照明实训室配电系统图** ·············· 4 **智能照明实训室接线图** ·············· 5 在标题栏中有显示项目图纸总数及该图纸的序号 | 总数 | | | 序号 | |	能知道该工程项目图纸的总数,能知道每张的图纸的名称及序号
4	看设计说明	了解工程概况、供电方式以及安装技术要求。如智能照明实训室的要求: 　在智能照明实训室中实现包括照明开关控制、多点控制、调光控制、感应控制、窗帘控制,以及软件中央管理、定时控制等功能。 　靠窗的荧光灯采用调光控制,可以实现亮度自动调节功能,展板射灯也采用调光控制,另外,教室前部的灯光回路与后部的灯光回路要分开设计,以实现不同灯光组合。 　实训室每个入口分别设计控制面板,前入口设计人体感应器,靠窗区域设计亮度感应器。 　配电箱建议直接设计在实训室中,这样方便教学,同时可以方便地使用数据线连接配电箱,以更改程序	通过看设计说明,可知道该项目要完成的工作是什么,要达到什么效果

续表

序号	步骤	操作方法及说明	质量标准
5	看图例	充分了解各图例符号所表示的设备器具名称及标注说明	能说出图纸中符号的名称
6	看系统图	看照明系统图,了解主要设备、元器件连接关系及它们的规格、型号、参数等。如图 1-16 所示的智能照明实训室配电系统图中标注了使用的控制设备型号、开关面板型号及传感器型号等信息,如 8 路开关控制模块(MTN647895)、荧光灯调光模块(MTN646991)、窗帘控制模块(MTN649804)等	能看图说出使用的设备型号、元器件的连接方式等
7	看平面图	了解建筑物的平面布置、轴线、尺寸、比例,各种变配电设备和用电设备的编号、名称及它们在平面上的位置,各种变配电设备的起点、终点、敷设方式及在建筑物中的走向	能看图说出平面布置、各种变配电设备名称及它们在平面上的位置
8	读接线图	了解系统中用电设备控制原理,用来指导设备安装及调试工作,在进行控制系统调试及校线工作中,应依据功能关系从上至下或从左至右逐个阅读回路,电路图与接线图配合阅读 支干线 总干线 ⇒ 总配电箱 ⇒ 分配电箱 ⇒ 用电器具(负载)	能快速找出每一条回路的连接关系
9	看标准图	标准图用于详细表达设备、装置、器材的安装方法。学会看标准图是指导施工与验收的前提	能看标准图说出设备、装置、器材的安装方法
10	看设备材料表	设备材料表提供了该工程所使用的设备和材料的型号、规格及数量,是编制施工方案、编制预算、采购材料的重要依据。该内容在之后的 1.2.3 小节内容详细介绍	能根据设备材料表准备好所有设备材料

4. 学习结果评价

序号	评价内容	评价标准	评价结果
1	读图的原则及读图顺序	能翻阅多张不同的图纸找到需要的图纸,能分清图纸名称	
2	看标题栏	能找到图纸标题栏,并能通过标题栏对项目有一定的了解	

续表

序号	评价内容	评价标准	评价结果
3	看目录	能知道该项目图纸的数量及每张的图纸的名称及序号	
4	看设计说明	通过看设计说明,可知道该项目要完成的工作是什么,要达到什么效果	
5	看图例	能说出图纸中符号的名称	
6	看系统图	能看图说出使用的设备型号及元器件的连接方式等	
7	看平面图	能看图说出平面布置、各种变配电设备及其在平面上的位置	
8	读接线图	能说出每一条回路的连接	
9	看标准图	能看图说出设备、装置、器材的安装方法	
10	看设备材料表	能根据设备材料表准备好所有设备材料	

5. 课后作业

练习模拟项目图纸的识读。

1.2.2　能计算受控回路电流

一、核心概念

照明负载电流计算:照明属于纯负载,把每盏照明灯的功率累加即可得出总功率,总功率除以电压(220 V)即可得出总电流。

二、学习目标

会计算不同照明负载的电流。

三、基本知识

1. 照明负荷计算

(1) 照明回路

建筑电气照明室内安装标准规定,一个照明回路的灯具最多有 25 个,现在国家倡导节能减排,白炽灯已经限用,在日常生活中应用最广泛的是荧光灯,常用荧光灯的单灯功率为 37 W。一个照明回路的总功率 $P = 37 \times 25$ W $= 925$ W。而 $P = ui = 925$ W,那么电流 $i = 4.2$ A,满足规范要求。显然,一个照明回路的负荷不到 1 kW。在日常的设计中,在符合规定的前提下,一个照明回路不论灯多少,按 1 kW 计。

（2）插座回路

建筑电气照明室内安装标准规定，一个普通插座回路插座个数不得超过 10 个，一个普通插座的容量按大众家用电器来衡量为 300 W，那么一个普通插座回路的最大功率为 3 kW。在电气设计中，一个普通插座回路按 3 kW 计。

（3）专用插座

建筑电气照明室内安装标准规定，住宅插座回路额定电流不超过 25 A，则 $P=UI=220\times25$ W=5.5 kW。但是在实际中肯定要留有余量，所以在电气设计中，专用插座（指空调插座、电磁炉插座、热水器插座、卫生间插座）是要各自接在单独回路上的。每个回路电气数量虽然少了，但还是按一个回路 3 kW 计算负荷，如果有具体功率，以实际功率为准。

（4）总负荷

计算总负荷按需要系数法计算，照明回路数×1 kW+插座回路数×3 kW，就是总功率 P。这里要注意三相平衡。照明电箱需要系数取 1，功率因数选 0.9。用需要系数法计算出配电箱的计算负荷和计算电流，选取适合的断路器、开关和导线。

2. 单相负载电流

（1）单相电阻性负载电流

$$I = U/R$$

$$I = P/U$$

$$I = \sqrt{P/R}$$

常用单相电阻性负载的计算公式如图 1-17 所示。

（2）单相电感性负载电流

额定电流：

$$I = P/(U \cdot \cos\phi \cdot \eta)$$

四、能力训练

1. 操作条件

① 会计算负载电流；

② 会查阅照明负荷需要系数表。

2. 安全及注意事项

① 严格执行安全操作规程，养成吃苦耐劳、爱岗敬业的工作精神；

② 遵守用电安全基本准则，通电时注意安全防护，保证人员安全。

3. 操作过程

以智能照明实训室项目为例。

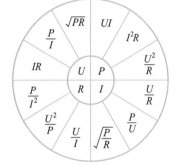

图 1-17　常用单相电阻性
负载的计算公式

序号	步骤	操作方法及说明	质量标准
1	荧光灯照明回路电流	实训室有 4 个照明回路,每个回路有 3 盏双管荧光灯,每个回路功率为 0.2 kW。查阅照明负荷需要系数表,功率因数为 0.9,荧光灯负荷系数取 0.8。 计算负荷为 $P_c = 0.2 \times 0.8 = 0.16$ kW 功率为 $P = 0.32/0.9$ kW $= 0.36$ kV·A 民用电压为 220 V。每个回路电流为 $I = 0.36$ kV·A$/0.22$ kV $= 1.64$ A	通过万用表测量检测计算结果是否正确
2	射灯照明回路电流	实训室有 3 个射灯照明回路,每个回路功率为 0.2 kW。查阅照明负荷需要系数表,功率因数为 1,射灯负荷系数取 0.6, 计算负荷为 $P_c = 0.2 \times 0.6$ kW $= 0.12$ kW 功率为 $P = 0.12/1$ kW $= 0.12$ kV·A 民用电压为 220 V。每个回路电流为 $I = 0.12$ kV·A$/0.22$ kV $= 0.55$ A	通过万用表测量检测计算结果是否正确

4. 学习结果评价

序号	评价内容	评价标准	评价结果
1	荧光灯照明回路电流	与实际电路测量结果对比	
2	射灯照明回路电流	与实际电路测量结果对比	

5. 课后作业

根据开关照明回路电流计算,思考调光灯照明回路电流怎样计算?

1.2.3　能设计控制设备清单

一、核心概念

根据照明回路电流和控制功能要求选择合适的 KNX 设备对设计智能照明系统至关重要;完整的 KNX 智能照明系统包含输入单元、输出单元和系统单元。设计控制设备清单时应包含这三个单元的设备。

二、学习目标

1. 了解 KNX 智能照明系统各单元模块功能。
2. 能根据实际控制要求选择应用设备模块。
3. 能根据受控回路电流选择应用设备模块。

三、基本知识

KNX 智能照明系统如图 1-18 所示。

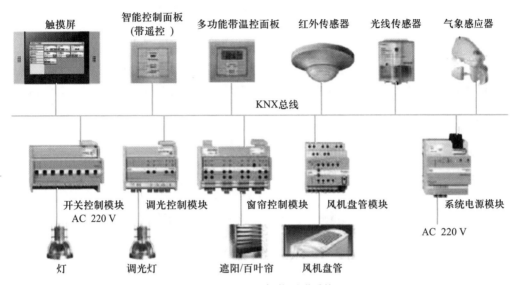

图 1-18　KNX 智能照明系统

1. 系统单元

系统单元的作用是提供系统工作电源、拓展网络、第三方接口及系统功能应用。

系统电源模块提供系统工作电源;线路耦合器提供拓展网络;TCP/IP、USB 接口等作为第三方接口;逻辑单元、定时单元等提供系统功能应用;

（1）系统电源模块

每条网络支线至少需要一个系统电源模块。一般使用 640 mA 系统电源模块(见图 1-19),其他的规格按实际功耗计算选用。一般总线单元模块的通信用电消耗为 5~10 mA。

（2）线路耦合器

线路耦合器用于支线和区域的逻辑连接和电流隔离,如图 1-20 所示。它可以作为支线耦合器、区域耦合器以及线路中继器,根据在系统中的不同位置来进行设备命名。它有两种功能:数据过滤和系统不同电源模块之间的电气隔离。

图 1-19　640 mA 系统电源模块　　　图 1-20　线路耦合器

（3）USB 接口

USB 接口用于连接编程设备或诊断设备，以及进行 KNX 系统的编程调试，如图 1-21 所示。

2．输出单元

输出单元包括开关控制模块、调光控制模块和窗帘控制模块等。

（1）开关控制模块

通过按键可以独立控制多个负载的开关，具有自由设置开关通道的功能；带有内置总线连接器；通过总线端子连接总线，无须数据导轨和数据条；通过指示灯显示通道的状态，绿色的 LED 指示灯亮起时，表明设备已进入运行准备就绪状态。开关控制模块如图 1-22 所示。

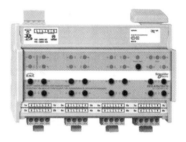

图 1-21　USB 接口　　　　　　　　　　　　　图 1-22　开关控制模块

（2）调光控制模块

① 通过改变电压（后沿相位切割和前沿相位切割），多相供电通用调光控制模块可以对白炽灯、配有可调光的绕线式或电子式变压器的 LED 指示灯、节能灯、高压卤素灯和低压卤素灯进行调光操作。多相供电通用调光控制模块如图 1-23 所示。

② 0～10 V 荧光灯调光控制模块输出 0～10 V 模拟量信号，用来对带有 0～10 V 接口的灯具（节能灯、荧光灯、LED 指示灯等）进行调光控制。0～10 V 荧光灯调光控制模块如图 1-24 所示。

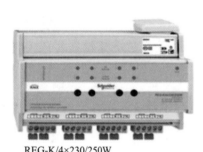

REG-K/4×230/250W
Art.no: MTN649325

(a) 1路

(b) 3路

图 1-23　多相供电通用调光控制模块　　　　图 1-24　0～10 V 荧光灯调光控制模块

（3）窗帘控制模块

窗帘控制模块，通过互锁的一对继电器对窗帘电动机的正、反转电路进行控制。4 路窗帘控制模块如图 1-25 所示。

3. 输入单元

输入单元包括各类智能控制面板、触摸屏、各种感应器和信号输入模块等。

（1）智能控制面板

智能控制面板连接 KNX 总线，通过触发按键来发送预设的控制信号给输出单元。智能控制面板如图 1-26 所示。

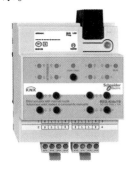

图 1-25　4 路窗帘控制模块　　　　图 1-26　智能控制面板

（2）感应器

感应器连接 KNX 总线，通过触发各种自动探测传感器（红外传感器、照度传感器等）来发送预设的控制信号给输出单元。感应器如图 1-27 所示。

(a) 360°存在感应器(带耦合器吸顶装)　　　　(b) 180°移动感应器

图 1-27　感应器

四、能力训练

1. 操作条件

准备 KNX 智能照明系统各模块相关资料及设备模块。

① KNX 系统单元；

② 输出单元；

③ 输入单元。

2. 安全及注意事项

在观察、挑选控制设备的过程中要注意轻拿轻放，避免损坏设备。

3. 操作过程

以智能照明实训室项目为例，在实训室中实现包括照明开关控制、多点控制、调光控制、感应控制、窗帘控制，以及软件中央管理、定时控制等功能，设计控制设备清单。

序号	步骤	操作方法及说明	质量标准
1	了解智能照明实训室所有照明、电动机的控制要求	首先要根据智能照明实训室的功能确定负荷的种类 实训室	能说出智能照明实训室想要实现的功能要求
2	根据不同的负荷选择驱动类型	电动窗帘控制 这些是需要开关控制的灯 投影幕布控制 这些是需要调光控制的灯	能根据功能要求选择所需要的驱动类型:开关控制模块、调光控制模块、窗帘控制模块、智能控制面板、感应器、系统单元装置(系统电源模块、USB 接口、低压断路器、漏电断路器、电表)等
3	需要开关控制的要选择开关控制模块	根据开关电路回路电流及控制回路数挑选开关控制模块,需要 7 路开关控制,4 路用于控制并联 3 组 1.2 m 双管 36 W 的荧光灯,3 路用于控制展板射灯,因此选择 1 个 8 路 16 A 开关控制模块	能在设备里找到 8 路 16 A 开关控制模块(带电流检测)
4	需要调光控制的要选择调光控制模块	靠窗的荧光灯采用调光控制,展板射灯也可用调光控制,根据调光电路回路电流及控制回路数挑选调光控制模块,需要两路调光,每路调光并联 3 组 1.2 m 双管 36 W 的荧光灯,因此选择 1 个 3 路 0~10 V 荧光灯调光控制模块	能在设备里找到 3 路 0~10 V 荧光灯调光控制模块
5	投影幕布和窗帘要选择窗帘控制模块或开关控制模块	智能照明实训室有 3 个窗帘及 1 个投影幕布需要用窗帘控制模块进行控制,可选择 4 路窗帘控制模块	能在设备里找到 4 路窗帘控制模块

序号	步骤	操作方法及说明	质量标准
6	根据控制的要求选择智能控制面板	智能照明实训室计划在前后门安装 8 键智能控制面板进行控制	能在设备里找到 8 键智能控制面板（带耦合器）
7	选择感应器	靠窗的荧光灯采用调光控制,可以实现亮度感应控制功能,前门利用人体感应器实现灯光感应控制。可选择存在感应器（带耦合器光感红外）和存在感应器（带耦合器吸顶装）作为人体感应器	能在设备里找到存在感应器（带耦合器光感红外）、存在感应器（带耦合器吸顶装）
8	根据控制的要求选择系统单元装置	总线电源和其他控制器安装在照明配电箱内,需要配置系统电源模块、USB 接口、断路器和电表等	能在设备里找到 640 mA 系统电源模块、USB 接口、1P16A 低压断路器、3P20A 低压断路器、16 A 漏电断路器、电表

4. 学习结果评价

序号	评价内容	评价标准	评价结果
1	了解智能照明实训室所有照明、电动机的控制要求	能说出智能照明实训室想要实现的功能要求	
2	根据不同的负荷选择驱动类型	能根据功能要求选择所需要的驱动类型:开关控制模块、调光控制模块、窗帘控制模块、智能控制面板、感应器、系统单元装置（系统电源模块、USB 接口、低压断路器、漏电断路器、电表）等	
3	需要开关控制的要选择开关控制模块	能在设备里找到 8 路 16 A 开关控制模块（带电流检测）	
4	需要调光控制的要选择调光控制模块	能在设备里找到 3 路 0~10 V 荧光灯调光控制模块	
5	投影幕布和窗帘要选择窗帘控制模块或开关控制模块	能在设备里找到 4 路窗帘控制模块	

续表

序号	评价内容	评价标准	评价结果
6	根据控制的要求选择智能控制面板	能在设备里找到 8 键智能控制面板（带耦合器）	
7	选择感应器	能在设备里找到存在感应器（带耦合器光感红外）和存在感应器（带耦合器吸顶装）	
8	根据控制的要求选择系统单元装置	能在设备里找到 640 mA 系统电源模块、USB 接口、1P16 A 低压断路器、3P20 A 低压断路器、16 A 漏电断路器和电表	

5. 课后作业

从施耐德电气官网上找到 KNX 总线控制的产品，了解每种产品的功能。

1.2.4　能绘制智能照明平面图

一、核心概念

智能照明平面图：在照明平面图的基础上设计绘制而成，标示了智能照明系统中输入单元的布置以及通信总线的拓扑走向。

二、学习目标

1. 能说出智能照明平面图的基本表达内容。
2. 能阐述智能照明平面图的绘制特点。
3. 能绘制智能照明平面图。

三、基本知识

1. 照明电路的接线方式

在智能照明平面图中，照明电路的接线主要有直接接线法和共头接线法两种接线方式。

（1）直接接线法

直接接线法是导线可以从线路上直接引线连接，导线中间允许有接头的接线方法。直接接线法虽然能够节省导线，但不便于检测维修，使用不是很广泛。直接接线法的智能照明平面图示例如图 1-28 所示。

（2）共头接线法

共头接线法是导线只能通过设备的接线端子引线连接，导线中间不允许有接头的接线方法。采用共头接线法导线用量较大，但由于其可靠性比直接接线法高且检修方便，因此被广泛应用。共头接线法的智能照明平面图示例如图 1-29 所示。

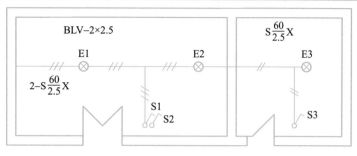

图 1-28 直接接线法的智能照明平面图示例

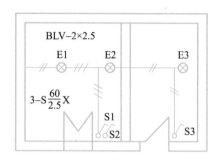

图 1-29 共头接线法的智能照明平面图示例

2. 图上位置的标注方法

由于智能照明平面图是在建筑平面图上完成的,所以其设备和设施的位置应与建筑平面图一致,根据建筑平面图的位置来确定电气设备和线路的位置及图形符号,在图上标注位置的方法,主要有定位轴线法和尺寸标注定位法两种。

(1)定位轴线法

定位轴线法是指以建筑平面图上的承重墙柱梁等主要承重构件的位置为轴线。定位轴线法的编号原则是在水平方向按从左到右的顺序给轴线标注数字编号,在垂直方向按从下到上的顺序给轴线标注字母编号,数字和字母分别用点画线引出,如图 1-30 所示为建筑物定位轴线法和尺寸标注定位法示例,通常各相邻位轴线间的距离是相等的,所以平面图上的定位轴线相当于地图上的经纬线,有助于在制图和读图时,确定设备的位置。线路的长度标注一般以毫米为单位。

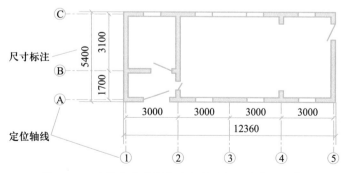

图 1-30 建筑物定位轴线法和尺寸标注定位法示例

（2）尺寸标注定位法

尺寸标注定位法是指在图上通过标注尺寸数字，以确定符号在图上位置的方法，在建筑平面图中，尺寸标注定位法常与定位轴线法结合运用，如图 1-30 所示为建筑物定位轴线法与尺寸标注定位法示例。

四、能力训练

1. 操作条件

① 实训操作人员具有基本绘图能力；

② 掌握建筑供配电相关国家标准。

2. 安全及注意事项

遵守用电安全基本准则。

3. 操作过程

以智能照明实训室项目为例，绘制智能照明平面图。

序号	步骤	操作方法及说明	质量标准
1	绘制轴线	参照实际尺寸进行轴线绘制（按 1∶100 绘制） 智能照明平面图 (1) 1:100	符合国家标准 GB/T 18135—2008《电气工程 CAD 制图规则》
2	绘制建筑构件	墙体的绘制、各种细部的绘制 智能照明平面图 (1) 1:100	符合国家标准 GB/T 18135—2008《电气工程 CAD 制图规则》

序号	步骤	操作方法及说明	质量标准
3	绘制照明设备	照明设备的绘制 智能照明平面图 (1) 1:100	符合国家标准 GB/T 18135—2008《电气工程 CAD 制图规则》
4	绘制配线槽及插座	配线槽及插座的绘制 配电线槽及插座平面图1:100	符合国家标准 GB/T 18135—2008《电气工程 CAD 制图规则》
5	绘制控制元器件	传感器、开关控制模块等控制元器件的绘制 智能照明平面图 1:100	符合国家标准 GB/T 18135—2008《电气工程 CAD 制图规则》

序号	步骤	操作方法及说明	质量标准
6	绘制相关标注	标注(注意设置样式,同时开关、插座的距地高度则参考相关国家标准或验收标准),标注内容有:照明配电箱的型号、数量、安装位置、安装标高及配电箱的电气系统等;照明线路的配电方式,敷设位置,线路的走向,导线的型号、规格、根数以及导线的连接方法等;灯具的类型、功率、安装位置、安装方式及安装标高等;开关的类型、安装位置、离地高度及控制方式等;插座及其他电器的类型、容量、安装位置及安装高度等 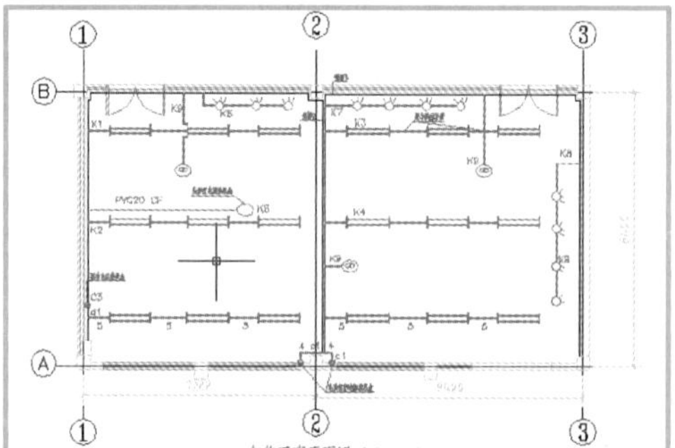 智能照明平面图(1) 1:100 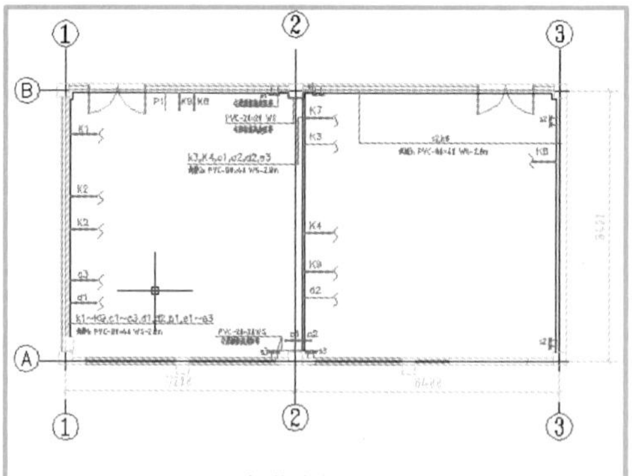 配电线槽及插座平面图 1:100 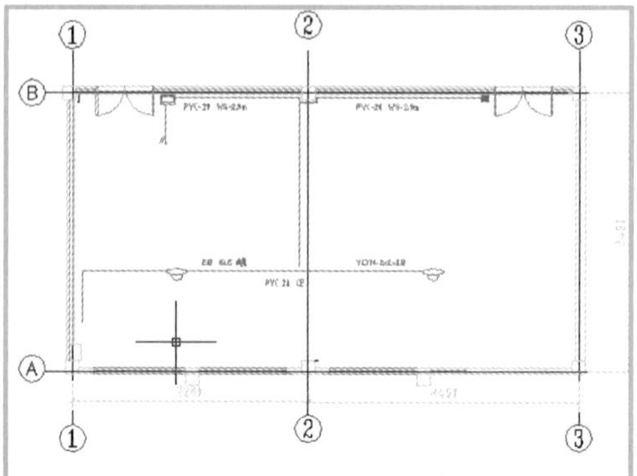 智能照明平面图　1:100	符合国家标准 GB/T 18135—2008《电气工程 CAD 制图规则》

4. 学习结果评价

序号	评价内容	评价标准	评价结果
1	绘制轴线	符合国家标准 GB/T 18135—2008《电气工程 CAD 制图规则》	
2	绘制建筑构件	符合国家标准 GB/T 18135—2008《电气工程 CAD 制图规则》	
3	绘制照明设备	符合国家标准 GB/T 18135—2008《电气工程 CAD 制图规则》	
4	绘制配线槽及插座	符合国家标准 GB/T 18135—2008《电气工程 CAD 制图规则》	
5	绘制控制元器件	符合国家标准 GB/T 18135—2008《电气工程 CAD 制图规则》	
6	添加相关标注	符合国家标准 GB/T 18135—2008《电气工程 CAD 制图规则》	

5. 课后作业

在建筑平面图的基础上修改图纸,利用 KNX 智能照明系统进行控制,绘制智能照明平面图。

1.2.5　能绘制智能照明系统图

一、核心概念

智能照明系统图:在照明终端配电箱里选择合适的输出单元,并在照明系统图中体现出来。

二、学习目标

1. 能说出智能照明系统图的基本表达内容。
2. 能阐述智能照明系统图的绘制特点。
3. 能绘制智能照明系统图。

三、能力训练

1. 操作条件
① 具有基本的绘图能力;
② 掌握绘制 KNX 智能照明系统图的能力。
2. 安全及注意事项
遵守用电安全基本准则。

3. 操作过程

以智能照明实训室项目为例,根据智能照明平面图绘制智能照明系统图,如图1-31所示。

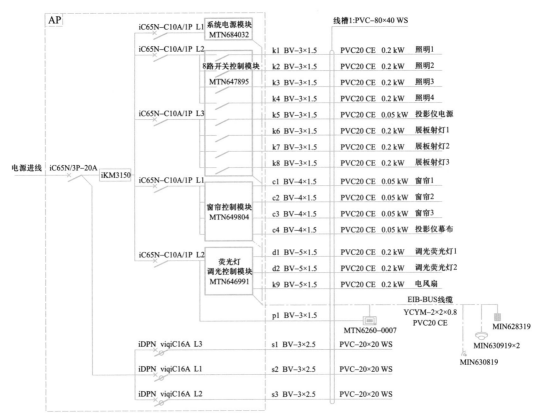

图1-31 智能照明系统图

序号	步骤	操作方法及说明	质量标准
1	绘制配电柜	以虚线框绘制配电柜,并标注电源进线、主开关等(如图1-31所示的智能照明系统图)	符合国家标准 GB/T 18135—2008《电气工程 CAD 制图规则》
2	绘制系统电源模块	在配电柜中,以矩形代表系统电源模块并标注型号(如图1-31所示的智能照明系统图)	符合国家标准 GB/T 18135—2008《电气工程 CAD 制图规则》
3	绘制开关控制模块	在配电柜中,以矩形代表开关控制模块并标注型号,控制8个出线回路:4个照明回路,1个投影仪电源回路,3个展板射灯回路,并标注每个回路的名称、导线规格、功率及负载(如图1-31所示的智能照明系统图)	符合国家标准 GB/T 18135—2008《电气工程 CAD 制图规则》

续表

序号	步骤	操作方法及说明	质量标准
4	绘制窗帘控制模块	以矩形代表窗帘控制模块并标注型号,控制4个出线回路:3个窗帘控制出线回路,1个投影仪幕布回路,并标注每个回路的名称、导线规格、功率及负载(如图1-31所示的智能照明系统图)	符合国家标准 GB/T 18135—2008《电气工程 CAD 制图规则》
5	绘制荧光灯调光控制模块	以矩形代表荧光灯调光控制模块并标注型号,控制3个出线回路:2个调光荧光灯控制回路,1个电风扇回路,并标注每个回路的名称、导线规格、功率及负载(如图1-31所示的智能照明系统图)	符合国家标准 GB/T 18135—2008《电气工程 CAD 制图规则》
6	绘制 KNX 总线电缆	以粗实线绘制 KNX 总线电缆,将配电柜中各模块连接,并标注每个回路的名称、导线规格等(如图1-31所示的智能照明系统图)	符合国家标准 GB/T 18135—2008《电气工程 CAD 制图规则》
7	绘制输入单元	从配电柜以点画线为总线,连接智能控制面板、存在感应器、亮度传感器等,并标注线缆规格等(如图1-31所示的智能照明系统图)	符合国家标准 GB/T 18135—2008《电气工程 CAD 制图规则》

4. 学习结果评价

序号	评价内容	评价标准	评价结果
1	绘制配电柜	符合国家标准 GB/T 18135—2008《电气工程 CAD 制图规则》	
2	绘制系统电源模块	符合国家标准 GB/T 18135—2008《电气工程 CAD 制图规则》	
3	绘制开关控制模块	符合国家标准 GB/T 18135—2008《电气工程 CAD 制图规则》	
4	绘制窗帘控制模块	符合国家标准 GB/T 18135—2008《电气工程 CAD 制图规则》	
5	绘制荧光灯调光控制模块	符合国家标准 GB/T 18135—2008《电气工程 CAD 制图规则》	
6	绘制 KNX 总线电缆	符合国家标准 GB/T 18135—2008《电气工程 CAD 制图规则》	
7	绘制输入单元	符合国家标准 GB/T 18135—2008《电气工程 CAD 制图规则》	

5. 课后作业

根据图 1-32 所示的实训室照明平面图及材料表绘制照明系统图。

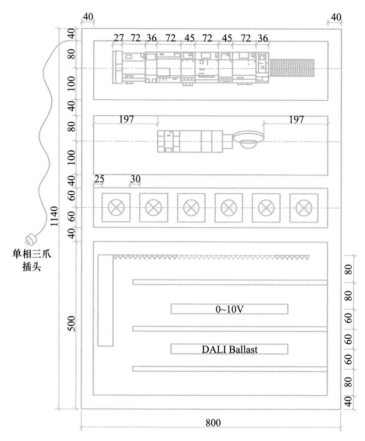

图 1-32　实训室照明平面图

第2章

KNX智能照明基础功能调试

2.1 ETS5 软件的使用

2.1.1 能对 ETS5 软件进行安装

一、核心概念

① ETS 软件:用于在 KNX 系统内设计和配置智能家居和楼宇控制安装项目的工具软件。

② 产品目录:KNX 系统是一个开放的系统,系统内所安装的设备是来自不同制造商生产的产品,各个制造商生产的经过认证的产品列表即为产品目录。

③ 产品数据库:制造商生产具备一定软件功能的产品。由各种产品数据集合构成的数据库文件称为产品数据库。

二、学习目标

1. 了解 ETS 软件的各个版本及系统需求;

2. 能通过互联网获取软件安装程序;

3. 掌握软件的正确安装方法,会设置语言;

4. 掌握产品数据库的导入和导出方法。

三、基本知识

1. KNX 系统的优势

KNX 协会作为 KNX 标准的制订者和所有者,提供了一个系统配置软件 ETS,ETS 软件是 KNX 标准的一部分,也是 KNX 系统的一部分。它带来的好处有以下几点:

① 保证 ETS 软件和 KNX 标准的最大兼容性;

② 所有经过 KNX 认证的制造商的产品数据库都能导入 ETS 软件;

③ ETS 软件新版本对早期的 ETS 版本(最早可到 ETS2)中的产品和项目具有兼容性;

④ 全球所有的设计师和安装工人都使用同一个 ETS 软件,每一个 KNX 项目都使用了经过认证的 KNX 设备,保证了可靠的数据交换。

2. ETS 软件的版本

KNX 提供了多个版本的 ETS 软件,用户可以根据自己的水平进行选择。目前,ETS5 是最新版本的软件并且有以下三种版本:

① ETS5 Demo 版:免费试验版,适用于非常小的项目,只能添加 5 台设备;

② ETS5 Lite 版:适用于中小型项目,可以添加 20 台设备,需要购买 Lite 版许可证;

③ ETS5 Professional 版:适用于任何规模的项目,功能完全,需要购买 Professional 版许可证。

3. ETS5 软件系统需求

ETS5 软件系统需求如图 2-1 所示。

图 2-1　ETS5 软件系统需求

注意:为了达到最佳效果,建议至少使用 4 GB 内存和 1 600×900 以上的屏幕分辨率。当计算机操作系统是 Microsoft Windows 8 时,ETS5 软件所需的.NET Framework 组件不会通过 ETS5 软件的安装工具自动安装,但是安装程序会通知用户必须下载并安装该组件。

四、能力训练

1. 操作条件

① 实训室环境指标要求:照度为 200～300 lx,温度为 15～35 ℃,相对湿度为 20%～90% RH(无凝露),无导电性粉尘,无易燃易爆及腐蚀性气体、液体,通风良好;

② 实验台要求:KNX 系统实验台稳固,台面清洁;

③ 工具类型:装配、调试所用的常用电工工具符合安装工作要求;

④ 操作系统的要求:PC(个人计算机)已安装可用的操作系统,PC 与 KNX 系统的编程通信连接线匹配。

2. 安全及注意事项

① 熟悉本岗位安全操作规程,已进行实验室用电安全、工具使用安全教育;

② 操作人员的安全防护装备齐整,符合安装现场要求;

③ 实训前,检查设备电源连接是否可靠,检查电源线是否完好,电源插头是否完整;

④ 使用 PC 时按要求操作,不得随意更改设置,禁止随意删除文件及卸载软件;

⑤ 实训中应使用文明语言,符合操作行为规范;

⑥ 爱护实训设备、设施和软件配置,不得动用与实训内容无关的仪器设备;

⑦ 实训结束后,清点工具,整理设备,打扫卫生。

3. 操作过程

在 PC 上获得 ETS5 软件安装程序并安装,设置界面语言,选择并更新市场,导入和导出产品目录。

序号	步骤	操作方法及说明	质量标准
1	获取 ETS5 软件安装程序	↓ 下载 ETS v5.7.2.zip (160.9 MB) 直接链接 https://knxcloud.org/index.php/s/fziieRsHkBecbtp/download 从 KNX 协会官网下载 ETS5 软件安装程序	成功下载 ETS5 软件安装程序
2	安装 ETS5 软件	欢迎使用 KNX ETS v5.7.2 安装 安装KNX ETS5，您须先阅读并同意我们的许可证书条款。 显示许可证书条款 ☑ 我已阅读并同意了许可证书条款 1.勾选 2.单击 安装　关闭 按照提示流程安装 ETS5 软件	正确安装 ETS5 软件
3	打开 ETS5 软件	双击计算机桌面上的 ETS5 图标打开软件，或者单击开始菜单中的 ETS5 图标打开软件	正确打开 ETS5 软件
4	设置 ETS5 软件语言	总览　总线　产品目录　配置 1.配置 展示　语言 2.语言　语言　ETS语言 在线目录　简体中文 (中国话) 首选的产品语言 数据存汇　简体中文 (中国话)　3.修改 单击"配置"选项卡，选择"语言"选项，可以修改 ETS5 软件语言	正确修改 ETS5 软件语言
5	在线更新市场	选择"产品目录"选项卡，系统会提示"在线目录尚未按您所在市场更新或未选择市场"，单击"现在更新市场"按钮即可在线更新市场	确定与市场对应的产品目录

序号	步骤	操作方法及说明	质量标准
6	选择市场	单击"选择市场"下拉菜单,选择"中国"或者在"配置"选项卡下的"在线目录"选项中进行相关设置	正确更新在线产品目录
7	在线导入产品目录	更新过市场之后,在"厂家"树视图里会显示各个认证厂家,在列表视图里会显示厂家对应的产品设备。① 设备图标 ■ 前边有 ☁ 符号时,表示该设备为在线产品并未下载到本地计算机。② 双击该设备或者单击 ⬇ 图标可以下载该设备,也可以在"厂家"树视图里选中相应厂家然后单击 ⬇ 图标添加该厂家所有产品。③ 可以通过单击 ☁、☁ 图标来切换是否显示在线产品目录	正确在线导入产品,正确下载产品数据

续表

序号	步骤	操作方法及说明	质量标准
8	离线时导入产品目录	 单击导入图标 **↓ 导入...**，在弹出的"打开项目文件"对话框中找到从厂商官网下载的产品数据库文件，单击"打开"按钮	离线时通过产品数据库文件正确添加产品目录
9	导出本地产品目录	选中需要导出的产品设备或者厂家，单击导出图标 **↑ 导出...**，在弹出的"导出产品文件"对话框中输入"文件名"，设定保存路径，单击"保存"按钮	成功导出选择的产品数据库文件到本地计算机

4. 学习结果评价

序号	评价内容	评价标准	评价结果
1	ETS5 软件版本和操作系统要求	1. 了解 ETS5 软件版本区别 2. 明确 ETS5 软件所需硬件配置和操作系统要求	
2	ETS5 软件的获取与安装	1. 能获得 ETS5 软件安装程序 2. 正确安装 ETS5 软件	
3	ETS5 软件产品目录导入	1. 正确在线导入产品目录 2. 正确离线导入产品目录	

续表

序号	评价内容	评价标准	评价结果
4	ETS5 软件产品目录导出	1. 正确导出指定产品目录 2. 正确导出产品目录到指定位置	
5	问题情境处理	1. 处理方法正确 2. 安全操作	
6	实训结束设备整理	1. 正确关闭设备 2. 实验台完全断电 3. 整理实验台面成初始状态	

5. 课后作业

（1）请根据提示完成下列操作

① 在线导入施耐德电气产品数据库，如图 2-2 所示。

图 2-2　在线导入

② 离线导入施耐德电气产品数据库，如图 2-3 所示。

图 2-3　离线导入

③ 导出施耐德电气 MTN647091 产品的数据库文件，如图 2-4 所示。

图 2-4　导出

（2）写出下边图标的含义或作用

📑＿＿＿＿＿＿＿＿＿＿　　　　　☁＿＿＿＿＿＿＿＿＿＿

☁⬆＿＿＿＿＿＿＿＿＿＿　　　　　☁╲＿＿＿＿＿＿＿＿＿＿

⬇导入…＿＿＿＿＿＿＿＿　　　　　⬆导出…＿＿＿＿＿＿＿＿

2.1.2　能在 ETS5 软件里创建项目

一、核心概念

KNX 网络拓扑结构：KNX 网络拓扑结构有总线型拓扑、树形拓扑、星形拓扑、混合型拓扑以及网状拓扑。

总线型拓扑:基于多点连接的拓扑结构,是将网络中的所有的设备通过相应的硬件接口连接在共同的传输介质上。

二、学习目标

1. 能打开 ETS5 软件;
2. 能阐述 ETS5 软件界面功能;
3. 能独立完成项目新建及配置;
4. 能添加设备并能修改设备物理地址;
5. 能找到已有项目并打开项目修改设置。

三、基本知识

KNX 系统的网络拓扑结构

KNX 系统的网络拓扑结构多种多样,包括总线型拓扑、树形拓扑、星形拓扑、混合型拓扑以及网状拓扑,其中部分拓扑结构如图 2-5 所示。注意:禁止采用环网形成闭环。

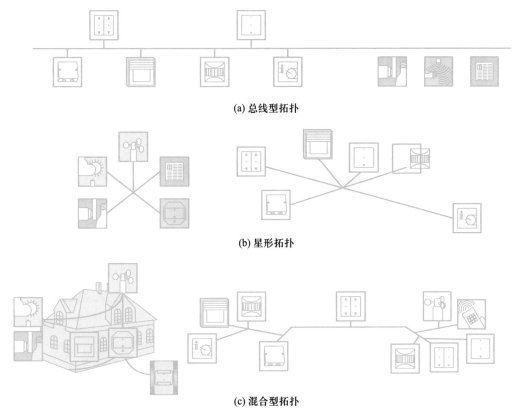

(a) 总线型拓扑

(b) 星形拓扑

(c) 混合型拓扑

图 2-5 KNX 系统的网络拓扑结构

四、能力训练

1. 操作条件

① KNX 智能照明设备;

② 计算机操作系统;

③ 安装好的 ETS5 软件。

2. 安全及注意事项

① 严格执行安全操作规程、施工现场管理规定,养成吃苦耐劳、爱岗敬业的工作态度和良好的职业素养;

② 遵守用电安全基本准则,通电时注意安全防护,保证人员安全;

③ 对完成的施工进行检查时,正确使用电工工具及仪表,确保设备安全后,才可通电,保证设备安全;

④ 施工完成,清点工具,整理设备,打扫场地。

3. 操作过程

序号	步骤	操作方法及说明	质量标准
1	启动 ETS5 软件	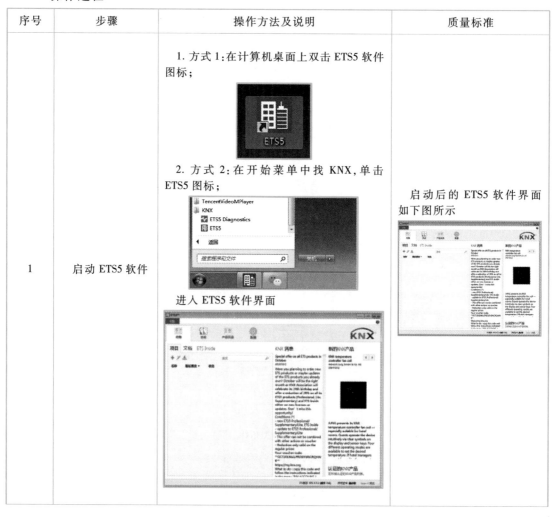 1. 方式 1:在计算机桌面上双击 ETS5 软件图标; 2. 方式 2:在开始菜单中找 KNX,单击 ETS5 图标; 进入 ETS5 软件界面	启动后的 ETS5 软件界面如下图所示

续表

序号	步骤	操作方法及说明	质量标准
2	新建项目	1. 在"总揽"选项卡下,单击"+"按钮,系统弹出"创建新项目"对话框; 2. 新项目设置。在"名称"栏中输入计划执行的项目名称,这里输入"实训室控制"; "主干"栏可选择"IP"和"TP"两种组网类型,根据设备连接方式来选择,"IP"是网关组网,"TP"是双绞线组网,本次选择"TP"; "拓扑"栏选中"创建支线 1.1",表示自动创建支线;若不选中该项,也可在创建项目后自行添加。这里选中"创建支线 1.1"; "组地址格式"栏默认选中"三级",也可选择"自由"和"二级",选中"自由"会有很多数据,不好分清; 3. 单击"创建项目"按钮,即可创建新项目,系统进入项目配置界面	系统进入如下的项目配置界面

续表

序号	步骤	操作方法及说明	质量标准
3	项目配置	1. 项目配置界面； 可以选择不同的配置类型： 如选择"建筑"，项目以建筑楼层布局结构的方式体现，可以在建筑中添加楼层、楼梯、房间等，根据区域要求添加设备； 如选择"拓扑"，可以在项目拓扑中添加支线，支线的名称和地址都可以根据个人需求进行修改设置； 这里选择"拓扑"，可以有 15 区，每个区可以有 15 个支线； 2. 单击"1 新建分区"，在界面最右侧出现相应的"属性"对话框，可对其进行编辑；	要出现如下界面

序号	步骤	操作方法及说明	质量标准
3	项目配置	3. 单击"1 新建分区"左侧三角标,即可展开其包含的各支线,创建项目时已添加了"1.1 新建支线"; 4. 单击"1.1 新建支线",对其"属性"对话框中"配置"选项卡中各参数进行编辑 	
4	添加设备	1. 选中"1.1 新建支线"并右击,在弹出的菜单中选择"添加设备"; 2. 系统弹出"产品目录"对话框,左侧有所有厂家名称,可选择所需产品的厂家,再选择型号,也可直接搜索产品型号;	

续表

序号	步骤	操作方法及说明	质量标准
4	添加设备	 3. 直接搜索产品型号"MTN684032",在列表框中自动搜索显示出 MTN684032 的数据库文件; 4. 双击数据库文件,添加设备到编程界面,显示如下进度条; 5. 当进度条消失,代表已在支线下添加了相应设备,如果不需要插入其他设备,可以关闭产品目录窗口; 每条支线可以连接 64 个总线元器件	注意:智能控制面板和传感器的产品型号不能全部输入,因为型号所有字母数字不只代表了功能,还代表了颜色,但数据库用的是同一个,搜索时不要输入最后两位数字。 在"拓扑骨架"中出现所需要的产品 显示产品信息
5	修改物理地址	单击添加的某产品模块;	

续表

序号	步骤	操作方法及说明	质量标准
5	修改物理地址	在该模块"属性"对话框的"配置"选项卡"物理地址"栏中，可修改模块的物理地址，范围为 1~255	修改指定模块的物理地址，范围在 1~255 之间，并与其他模块地址不冲突。"0"这个地址一般给组网模块使用，组地址"0/0/0"保留，用于所谓的广播报文（即发送至所有可达总线设备的报文）
6	保存关闭项目	1. 单击"关闭项目"按钮； 2. 单击"导出项目"图标； 3. 系统弹出"保存项目文件"对话框，选择导出项目的保存路径；	

续表

序号	步骤	操作方法及说明	质量标准
6	保存关闭项目	 4. 单击"保存"按钮,导出成功后,在弹出的提示框中单击"关闭"按钮; 5. 关闭软件退出; 6. 在指定文件夹找到保存的项目 **实训室控制.knxproj**	能在指定文件夹中找到保存的项目

4. 学习结果评价

序号	评价内容	评价标准	评价结果
1	启动软件	正确打开 ETS5 软件	
2	新建项目	能创建一个新项目,并跳转到项目编辑页面	
3	项目配置	能对区(域)、支线进行修改配置	
4	添加设备	能打开产品目录对话框,并在支线上添加指定设备	
5	修改物理地址	能对设备的物理地址进行修改,使其相互不冲突	
6	导出项目	能将新建的项目导出到指定文件夹中,能在指定文件夹找到保存的项目	

5. 课后作业

小组合作,利用录屏软件录制使用 ETS5 软件创建项目的过程,并将视频分享到班级通信群中。

2.1.3 能熟悉使用 ETS5 软件进行编程

一、核心概念

1. 物理地址

在整个 KNX 系统中,物理地址均必须是唯一的,其格式为"区(4 bit)-线路(4 bit)-总线设备(1 byte)",如图 2-6 所示。通常,按下总线设备上的编程按钮,总线设备即进入准备好接收物理地址的状态。该过程中,编程 LED(发光二极管)指示灯会处于点亮状态。调试阶段结束之后,物理地址还可用于以下目的:

① 诊断、排错,以及通过重新编程实现设施更改;

② 使用调试工具寻址接口对象或者其他设备。

A=区	L=线路	B=总线设备
A A A A	L L L L	B B B B B B B B

图 2-6 物理地址格式

2. 组地址

常用的 3 级组地址(主组/中间组/子组):M = 主组,m = 中间组,S = 子组。组地址结构图如图 2-7 所示。如果是 2 级组地址(主组/子组),则表示为 M = 主组,m+S = 子组。总线系统内设备之间的通信通过组地址实现。使用 ETS5 软件进行设置时,可以将组地址选择为 2 级组地址结构、3 级组地址结构或者自由定义结构。在各个项目的项目属性中,可以更改组地址结构。组地址"0/0/0"保留,用于所谓的广播报文(即发送至所有可达总线设备的报文)。

1 bit	4 bit	3 bit	8 bit
0	M M M M	m m m	S S S S S S S S

图 2-7 组地址结构图

ETS 项目工程师可以决定如何使用组地址,示例如下:

① 主组=楼层;

② 中间组=功能域(例如,开关、调光);

③ 子组=加载功能或者加载组(例如,厨房照明灯开/关、卧室窗户开/闭、客厅吊灯开/关等)。

二、学习目标

1. 认识串行接口设备；
2. 物理地址的下载及通信测试；
3. 组地址的下载和测试。

三、基本知识

1. 串行接口设备

这里用到的串行接口设备主要是 USB 编程接口（MTN680204）。该设备用于计算机与
KNX 系统之间进行通信，通过 USB1.1 或 USB2.0 接口连接，一般用于 KNX 系统的编程调试。
使用通信线将计算机和 USB 编程接口 MTN680204 连接后，即可打开
ETS5 软件进行通信连接，测试成功后即可使用计算机进行编程并下载程
序。USB 编程接口（MTN680204）如图 2-8 所示。

图 2-8　USB 编程
接口（MTN680204）

2. 物理地址的下载及通信测试

（1）建立新项目

使用通信线连接 USB 编程接口和计算机，打开 ETS5 软件，创建一个
新的项目，单击打开后，在工具菜单中选择"工作区"下拉菜单→"打开新
的面板"→"拓补"，在"1 新建分区"下面创建"1.1 新建支线"，右击"1.1
新建支线"，在弹出的菜单中单击"添加设备"，则可添加具体的 KNX 设
备，如图 2-9 所示。

图 2-9　建立新项目

（2）添加设备并设置物理地址

按照表 2-1 逐一添加各个设备并设置物理地址。

表 2-1　设备明细及其物理地址

产品型号	设备名称	物理地址
MTN649202	2 路 10 A 开关控制模块	1.1.1
MTN649350	单路 500 W 通用调光控制模块	1.1.2
MTN647091	单路荧光灯调光控制模块(0~10 V)	1.1.3
MTN649802	2 路 220 V 百叶窗控制模块	1.1.4
MTN628419/627819	智能控制面板(带耦合器红外)	2.1.1
MTN630919	存在感应器(带耦合器光感红外)	2.1.2
MTN632619	M 系列 180°移动感应器(带耦合器墙装)	2.1.3

（3）下载各设备的物理地址并测试通信

完成添加设备后,右击添加的设备,即可进入图 2-10 所示界面,下载设备物理地址,这时需要另一个人帮忙将该设备的编程按键按下,使总线设备进入准备好接收物理地址的状态,在该过程期间,编程 LED(发光二极管)指示灯会处于点亮状态。

图 2-10　下载设备物理地址

如果能够正常下载设备的物理地址,即说明通信一切正常;如果无法下载,则需要单击"ETS"菜单回到如图 2-11 所示界面,单击"总线"选项卡,再重新测试通信是否正常。

如通信正常,则页面右下角会显示"OK";如果仍然不能通信,可以重新输入不同的地址再测。注意:完成一个设备的物理地址下载后,要使该设备编程按键再次按下,将编程 LED 指示灯关灭,再下载另一个设备的物理地址。

3. 组地址的下载及测试

将输入模块和输出模块中有对应控制和被控制关系的参数设置为相同的组地址,使两者之间能够进行通信。

图 2-11　测试通信是否正常

① 首先在输入模块中右击 PUSH-BUTTON1,在弹出的菜单中选择"链接与...",如图 2-12 所示。

图 2-12　输入模块的组地址设置步骤 1

然后在"与组地址链接"对话框中选择"新建"选项卡,按照格式设置组地址,可以在"名称"栏中标注控制信息,这里标注为"按键 1 的控制",设置完成后单击"确定"按钮,如图 2-13 所示。

② 右击对应的输出模块,在弹出的菜单中选择"链接与...",然后在"与组地址链接"对话框中选择"现存的"选项卡,找到刚才在输入模块设置的组地址,选择并单击"确定"按钮,完成

后如图 2-14 所示。

图 2-13　输入模块的组地址设置步骤 2

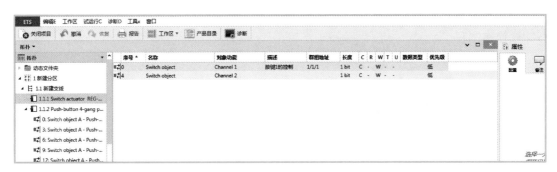

图 2-14　输出模块中组地址设置

③ 对输入模块及输出模块分别下载组地址,右击输入模块和输出模块,在弹出的菜单中选择"下载"→"部分下载",如图 2-15 所示。输入模块和输出模块组地址都完成下载后,按下输入模块上的按键 1,可观察输出模块所接白炽灯的亮灭。

四、能力训练

1. 操作条件

① 掌握智能照明系统的相关基础知识;

② 能使用电工基本工具进行简单操作,能使用电工测量工具进行电路通断测量;

③ 熟悉施耐德电气智能照明实验台。

2. 安全及注意事项

① 施耐德电气智能照明实验台的工作电源为 220 V,在操作过程中应单手操作,并且穿上绝缘鞋;

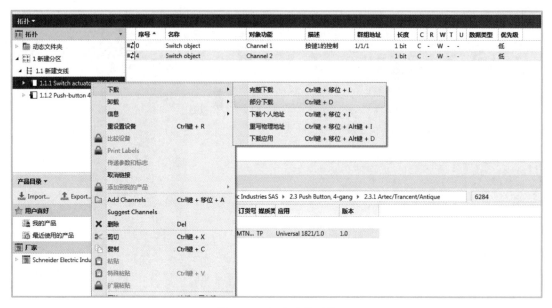

图 2-15　组地址的下载

② 接线完成后经教师同意方可进行通电。

3. 操作过程

序号	步骤	操作方法及说明	质量标准
1	物理地址的下载及通信测试	1. 建立新项目； 2. 添加设备并设置物理地址； 3. 下载各设备的物理地址并测试通信	KNX 智能照明实验台上 7 个输入及输出模块均已添加，设置好物理地址并下载成功
2	组地址的下载及测试	1. 首先在输入模块（以智能控制面板为例）新建组地址； 2. 在对应控制的输出模块中选择组地址； 3. 分别下载输入及输出模块的组地址； 4. 测试智能控制面板控制白炽灯的效果	1. 按下智能控制面板上按键 1，可以控制 KNX 智能照明实验台上第一盏白炽灯的亮灭； 2. 按下智能控制面板上按键 2，可以控制 KNX 智能照明实验台上第一盏和第二盏白炽灯的亮灭

4. 学习结果评价

序号	评价内容	评价标准	评价结果
1	物理地址的下载及通信测试	1. 建立新项目; 2. 添加设备并设置物理地址; 3. 下载各设备的物理地址并测试通信	
2	组地址的下载及测试	1. 首先在输入模块(以智能控制面板为例)新建组地址; 2. 在对应控制的输出模块中选择组地址; 3. 分别下载输入及输出模块的组地址; 4. 测试智能控制面板控制白炽灯的效果	

5. 课后作业

① 按下智能控制面板的按键 1 可以控制第一组灯的亮灭;按下智能控制面板的按键 2 可以控制第二组灯的亮灭。

② 按下智能控制面板的按键 1 可实现第一组灯亮(50%亮度);按下智能控制面板的按键 2 可实现第二组灯亮(25%亮度);按下智能控制面板的按键 3 可关断第一组和第二组灯。

2.2 开闭控制功能设置

2.2.1 能熟悉开关控制模块

一、核心概念

开关控制模块指的是在智能照明系统中能通过总线通信方式进行软件编程,实现传统照明电路中开关的开合功能,同时还能完成定时、延时、场景设置、通道反馈及电流检测等功能的控制模块。

二、学习目标

1. 掌握开关控制模块的型号、含义;

2. 能通过产品说明书查询开关控制模块的基本额定参数;

3. 会操作开关控制模块上的手动按键,并懂得各按键及指示灯的含义;

4. 能知道开关控制模块的软件功能;

5. 能进行开关控制模块的接线。

三、基本知识

1. 开关控制模块的分类

常见的开关控制模块有三种,分别是 10 A 开关控制模块、16 A 开关控制模块和 16 A 开关控制模块(带电流检测),每种开关控制模块根据可输出负载数量不同,又分为 2 路、4 路、8 路和 12 路通道。

2. 开关控制模块的产品序列号和注册铭牌号

如图 2-16 所示为 2 路 10 A 开关控制模块外形,该模块可控制两组输出负载。

（1）产品序列号

产品序列号可用来设置物理地址,在开关控制模块面板上以字母与若干数字组成的一系列代码,如图 2-16 中的 2 路 10 A 开关控制模块的产品序列号为"MTN649202"。

（2）注册铭牌号

注册铭牌号可反映模块的功能、通道、额定电压和额定电流等参数,方便用户进行选择。如图 2-16 中的 2 路 10 A 开关控制模块的注册铭牌号为"REG-K/2×230/10"。

图 2-16　2 路 10 A
开关控制模块外形

3. 开关控制模块的额定参数

在实际应用中,一般根据实际电路的具体情况选择合适的开关控制模块,查询各开关控制模块说明书,确认其主要额定参数是否符合实际电路的要求。以 2 路 10 A 开关控制模块为例,查询其主要额定参数如下:

（1）额定电压和额定频率

额定电压为 AC 220 V,额定频率为 50/60 Hz。

（2）额定电流

当负载为纯阻性时,额定电流为 10 A,$\cos\phi=1$;当负载为阻感性时,额定电流为 10 A,$\cos\phi=0.6$;带并联电容补偿时,最大电容为 105 μF,额定电流为 10 A。

（3）最大负荷

当负载为白炽灯时,最大负荷为 2 000 W;当负载为卤素灯时,最大负荷为 1 700 W;当负载为荧光灯时,最大负荷为 250 V·A。

4. 开关控制模块的功能

开关控制模块可以作为常闭/常开触点使用;每个通道都有延时开启和延时关闭功能;每个通道还具有场景功能、联锁控制、逻辑控制和优先级控制功能;此外,每个通道都具有状态反馈功能。

5. 开关控制模块接线示意图

以 2 路 10 A 开关控制模块为例,画出其控制两路白炽灯的接线示意图,如 2-17 所示。

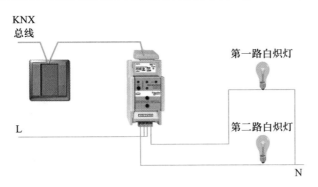

图 2-17 2 路 10 A 开关控制模块控制两路白炽灯接线示意图

四、能力训练

1. 操作条件

① 掌握 KNX 智能照明系统相关基础知识;

② 能使用电工基本工具进行简单操作,能使用电工测量工具进行电路通断测量;

③ 熟悉施耐德电气智能照明实验台布局。

2. 安全及注意事项

施耐德电气智能照明实验台的工作电源为 220 V,在操作过程中应单手操作,并且穿上绝缘鞋。

3. 操作过程

序号	步骤	操作方法及说明	质量标准
1	通电	合上电源总开关,观察系统电源模块 RUN 指示灯,如果 RUN 指示灯不亮,使用万用表测量工作电源是否已送入	合上电源总开关,系统电源模块 RUN 指示灯应该亮,如下图所示
2	进入手动模式	按下开光控制模块 Hand(手动)按钮,观察 Hand 指示灯亮,开关控制模块进入手动模式	按下开光控制模块 Hand 按钮,开关控制模块应进入手动模式,如下图所示

续表

序号	步骤	操作方法及说明	质量标准
3	开灯	分别按下按钮 1 和按钮 2,观察指示灯 1 和指示灯 2 是否亮起,并且观察该开关控制模块所接白炽灯 1 和白炽灯 2 是否亮起	按下按钮 1 和按钮 2,指示灯 1 和指示灯 2 应亮起,如下图所示
4	关灯	再次按下按钮 1 和按钮 2,观察 1、指示灯 2 是否灭掉,并且观察该开关控制模块所接白炽灯 1 和白炽灯 2 是否灭掉	再次按下按钮 1 和按钮 2,观察指示灯 1 和指示灯 2 应灭掉,如下图所示
5	退出手动模式	再次按下开光控制模块 Hand 按钮,观察 Hand 指示灯是否灭掉,即开关控制模块是否退出手动模式	再次按下开关控制模块 Hand 按钮,Hand 指示灯应灭掉,如下图所示

4. 学习结果评价

序号	评价内容	评价标准	评价结果
1	能在开关控制模块面板上找到其产品序列号和注册铭牌号	1. 能准确读出产品序列号; 2. 能准确读出注册铭牌号; 3. 能准确说明注册铭牌号各部分的含义	
2	能根据产品的说明书查询到基本额定参数	1. 能准确说出额定电压和额定频率; 2. 能准确说出额定电流; 3. 能准确说出最大负荷	

续表

序号	评价内容	评价标准	评价结果
3	会手动操作开关控制模块，并观察其所接负载的通断情况	1. 会手动操作开关控制模块； 2. 能准确说出开关控制模块上各按钮和指示灯的含义	

5. 课后作业

① 观察图 2-18 所示开关控制模块（REG-K/4×230/10）的负载接线图，说出该开关控制模块的参数。

② 观察图 2-19 所示开关控制模块（REG-K/4×230/16）的负载接线图，说出该开关控制模块的参数。

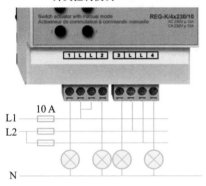

图 2-18 开关控制模块
（REG-K/4×230/10）的负载接线图

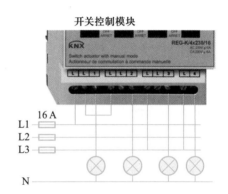

图 2-19 开关控制模块
（REG-K/4×230/16）的负载接线图

2.2.2 能对开关控制模块进行安装接线

一、核心概念

对开关控制模块进行安装接线，首先要将开关控制模块固定安装在电路网孔板上，再对开关控制模块进行 KNX 总线连接以及应用负载的连接。KNX 总线连接还需要用到系统电源模块和线路耦合器，因此还需学习系统电源模块和线路耦合器的使用。

二、学习目标

1. 能熟练安装开关控制模块；
2. 掌握 KNX 总线连接的方法；
3. 会针对不同负载对开关控制模块进行接线。

三、基本知识

1. 开关控制模块的安装

开关控制模块采用导轨式安装方法,首先将导轨固定安装在电路网孔板上,然后再将开关控制模块卡装在导轨上固定,如图 2-20 所示。

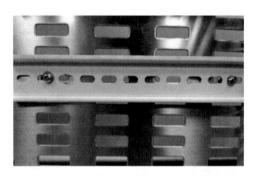

图 2-20　开关控制模块导轨式安装图

2. KNX 总线连接的方法

（1）KNX 总线连接的结构

KNX 总线连接采用自由拓扑结构,该结构有总线型、星形、树形三种,禁止环形连接,每条总线最多连接 64 台设备,总线最大长度为 1 000 m,系统电源模块到设备最远距离为 350 m,两个系统电源模块之间的最小距离为 200 m。

（2）KNX 总线接线方法

KNX 超低压系统允许靠近强电系统安装,允许 KNX 总线线缆与强电线缆在 19 mm 的管道内一起安装,如果可以保证强电线缆与 KNX 总线线缆的安全距离(大于或等于 4 mm,如图 2-21所示),KNX 总线线缆与强电线缆可以安装在同一个安装底盒里。

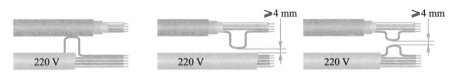

图 2-21　KNX 总线线缆与强电线缆之间的安全距离

KNX 总线一共有四根线,颜色分别为黑、红、黄、白,分别接到相同颜色的端子上。总线设备上含有红、黑端子,可以在不切断总线线缆的情况下断开设备的 KNX 总线连接,每个端子具有 4 对端子连接孔,可以在接线盒中用于分线使用;黄、白端子用于 KNX 总线剩余线对的连接,每个端子具有 4 对端子连接孔。KNX 总线端子连接示意图如图 2-22 所示。

3. 针对不同负载对开关控制模块进行接线

以 2 路 10 A 开关控制模块为例,根据不同负载情况,对其进行接线。

（1）所接负载为白炽灯

当所接负载为两组白炽灯时,在接线前应确定白炽灯的额定电压是否为工频 220 V 交流电,2 路 10 A 开关控制模块与白炽灯的接线图如图 2-23 所示。

图 2-22 KNX 总线端子连接示意图

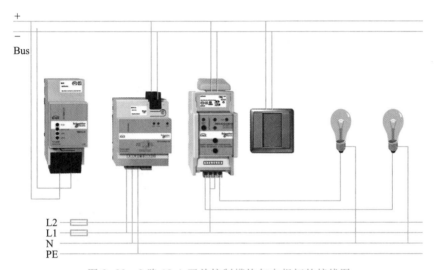

图 2-23 2 路 10 A 开关控制模块与白炽灯的接线图

（2）所接负载为接触器

当所接负载为接触器时，在接线前应确定接触器线圈的额定电压是否为工频 220 V 交流电。施耐德电气 LADN22 型交流接触器如图 2-24 所示。

在使用接触器前，将万用表调至 R×100 或 R×1 k 挡并调零，测接触器的线圈端子，一般为 500 Ω 左右，再将万用表调至 R×1 k 挡并调零，按下接触器面板上的黑色按钮，使其带动触点压合，如触点闭合良好，则此时电阻应为零，测出三对主触点为 1L1、3L2、5L3。另外该接触器还有三组常开辅助触点和三组常闭辅助触点，常闭辅助触点在不按压面板上的黑色按钮时，测量其两端电阻为零，按下后，两端电阻应为无穷大。

图 2-24 施耐德电气 LADN22 型交流接触器

接触器线圈端子应接到图 2-23 所示白炽灯两端所接的位置，接触器主触点接到电动机控制主电路，即可完成输出控制模块对电动机的控制。

四、能力训练

1. 操作条件

① 掌握 KNX 智能照明系统相关基础知识;

② 能使用电工基本工具进行简单操作,能使用电工测量工具进行电路通断测量;

③ 熟悉施耐德电气 KNX 智能照明实验台布局,能进行 KNX 基本元器件安装、KNX 总线接线和设备电源侧与负载端接线。

2. 安全及注意事项

施耐德电气 KNX 智能照明实验台上工作电源均为 220 V,在操作过程中应单手操作,并且穿上绝缘鞋。

3. 操作过程

序号	步骤	操作方法及说明	质量标准
1	将系统电源模块(MTN684032)、线路耦合器(MTN680204)、开关控制模块(MTN649202)及两盏白炽灯安装在施耐德电气智能照明实验台上	1. 先安装好导轨; 2. 将各设备按照顺序固定安装至导轨上	安装好导轨及设备后如下图所示
2	进行 KNX 总线连接	使用 KNX 总线连接各个设备,注意不要有环形连接	使用 KNX 总线连接各个设备,如下图所示
3	验证 KNX 总线连接是否正确	打开 ETS5 软件,下载各设备物理地址,测试通信是否已经完好	下载各设备物理地址,测试通信应完好,如下图所示

续表

序号	步骤	操作方法及说明	质量标准
4	进行系统电源模块和负载(白炽灯)线路的连接	1. 注意系统电源模块接线的正确性,相线、零线、地线不要接错; 2. 注意负载接线的正确性,注意相线与零线不要接错	完成系统电源模块和两盏白炽灯之间线路的连接,线路图如下图所示
5	验证系统电源模块及负载连线是否正确	按下 Hand 按钮,观察指示灯 1、指示灯 2 是否亮起,观察开关控制模块所接白炽灯 1 和白炽灯 2 是否亮起	系统电源模块及负载连线应正确,指示灯状态如下图所示

4. 学习结果评价

序号	评价内容	评价标准	评价结果
1	能将系统电源模块(MTN684032)、线路耦合器(MTN680204)、开关控制模块(MTN649202)及两盏白炽灯安装在施耐德电气智能照明实验台上	1. 能在施耐德电气智能照明实验台上正确安装导轨; 2. 能按照正确的顺序安装总线设备	
2	能进行 KNX 系统总线连接并验证是否正确联网	1. 能使用 KNX 总线连接各个设备,注意不要有环形连接; 2. 能打开 ETS5 软件,下载各设备物理地址; 3. 通信完好	
3	会手动操作开关控制模块,验证系统电源模块及负载连线是否正确	1. 按下 Hand 按钮,指示灯 1、指示灯 2 亮起; 2. 按下 Hand 按钮,开关控制模块所接负载白炽灯 1 和白炽灯 2 亮起	

5. 课后作业

图 2-25 所示为开关控制模块(REG-K/4×230/10)的负载接线图,请画出系统总线接线图。

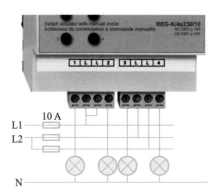

图 2-25　开关控制模块(REG-K/4×230/10)的负载接线图

2.2.3　能对开关控制模块进行基础功能调试

一、核心概念

1. 状态反馈的含义

状态反馈是系统的状态变量通过比例环节传送到输入端的反馈方式。状态反馈是体现现代控制理论特色的一种控制方式。状态变量能够全面地反映系统的内部特性,因此状态反馈比传统的输出反馈能更有效地改善系统的性能。但是状态变量往往不能从系统外部直接测量得到,这就使得状态反馈的技术实现往往比输出反馈复杂。

在 KNX 系统中,状态反馈特指内部信号通过指示灯等形式给予用户反馈信息。

2. 设备地址的建立

设备地址(device address):

① 在数据通信中,可以发送或接收数据的任何设备的标识。

② 由通道连接设备识别的第一个子通道地址。

二、学习目标

1. 了解开关控制模块的基本功能,以楼梯灯定时功能为例进行程序设计;

2. 熟练掌握开关控制模块数据库的参数设置;

3. 熟练掌握设备地址的组建;

4. 熟练掌握设备的程序下载和调试;

三、基本知识

开关控制模块(见图 2-26)相关知识:

① 额定电压:AC 220 V(50/60 Hz);

② 额定电流:16A,cos φ=0.6;

③ 作为常闭触点或者常开触点使用;

④ 每条通道均有延时功能,每条通道均有反馈功能;

⑤ 具有楼梯灯定时功能,预警功能,联锁控制、逻辑控制或强制执行功能,场景功能,中央控制功能,总线电源中断和恢复功能。

四、能力训练

图 2-26 开关控制模块

1. 操作条件

① KNX 智能照明系统、PC、ETS5 软件、通信线;

② 完成开关控制模块的安装接线,并对接线进行检查。

2. 安全及注意事项

① 遵守用电安全基本准则,通电时注意安全防护;

② 对完成的施工进行检查,确保设备安全后,才可通电。

3. 操作过程

楼梯灯定时功能任务说明:能通过八键智能控制面板的按键 1 控制 H1 灯:第一次按下按键 1 时,H1 灯延时 3 s 亮;第二次按下按键 1 时,H1 灯延时 4 s 灭;并且按键 1 的指示灯反馈 H1 灯的状态,H1 灯亮则按键 1 指示灯亮,H1 灯灭则按键 1 指示灯灭。

序号	步骤	操作方法及说明	质量标准
1	新建项目	打开 ETS5 软件,新建项目;设置项目名称;选择拓扑结构;打开拓扑窗口	完成项目的建立;完成拓扑结构的建立;打开拓扑窗口,为添加设备做好准备

续表

序号	步骤	操作方法及说明	质量标准
2	新建支线	单击"1 新建分区";选中"1.1 新建支线";单击"添加设备"按钮 	在新建分区中,完成支线的新建
3	数据库添加	1. 打开导入数据库窗口; 2. 在搜索栏内查找需要添加的设备型号,系统会弹出产品目录窗口; 3. 单击"导入"按钮,选定要添加的设备的数据库; 4. 搜索要添加的设备数据库的订货号; 5. 双击产品目录中的产品数据库,完成数据库的添加; 6. 在新建支线和拓扑窗口中都会显示添加的开关控制模块数据库; 7. 搜索添加八键智能控制面板数据库	1. 完成开关控制模块数据库的添加; 2. 完成八键智能控制面板数据库的添加

续表

序号	步骤	操作方法及说明	质量标准
4	添加设备描述	如果需要给模块添加标记,可在"描述"中输入备注名称	用汉字或符号注释所添加数据库的名称
5	开关控制模块参数设置	1. 打开开关控制模块数据库界面; 2. 打开通道配置设置界面,在此选择开关控制模块的通道数量; 3. 设置通道"Channel 1":设置"Channel 1"中的"delay times"为"enabled",开启延时功能; 4. 设置延时时间:延时时间=延迟基准时间×延时因子(可以实现开关灯的延时控制); 5. 设置反馈,这里选择"主动反馈"	完成开关控制模块中的通道数、延时时间、反馈等参数设置

延时时间=1 s×3=3 s

69

续表

序号	步骤	操作方法及说明	质量标准
6	设置开关控制模块组地址	1. 打开组对象窗口； 2. 单击选中"Switch object"的"Channel 1"； 3. 右击，在弹出的菜单中选择"链接与…"； 4. 在弹出的对话框中选择"新建"选项卡，组地址的格式为"10/1/100"；单击"确定"按钮，新建完成； 5. 设置控制对象（Switch object）组地址为"10/1/100"，反馈对象（Status feedback object）组地址为"10/1/101"	1. 完成开关控制模块控制对象组地址的组建； 2. 完成反馈组地址的组建
7	八键智能控制面板设置	1. 由于这里选用的是八键智能控制面板，所以选择"4-gong IR"； 2. 设置按键 1 的发送形式："Toggle"表示交替发送 0、1，1 代表接通，0 代表断开；"Switch"表示普通开关；"Diming"表示调光开关；	

续表

序号	步骤	操作方法及说明	质量标准
7	八键智能控制面板设置	3. 本次选择"Toggle"; 4. 设置八键智能控制面板的反馈灯指示; 5. 设置控制对象(Switch object A)组地址为"1/1/100",反馈对象(Status feedback object)组地址为"1/1/101",和开关控制模块对应	1. 完成八键智能控制面板操作方式的设置; 2. 完成反馈指示的设置; 3. 完成组地址的组建
8	下载程序	1. 下载开关控制模块程序,首次下载需要选择完整下载,这时需要按下开关控制模块的编程按键; 2. 右击开关控制模块,在弹出的菜单中选择"下载"→"完整下载",开始下载程序; 3. 下载八键智能控制面板程序,首次下载需要选择完整下载,这时需要按下八键智能控制面板的编程按键; 4. 右击八按键智能控制面板,在弹出的菜单中选择"下载"→"完整下载",开始下载程序	1. 完成开关控制模块的程序下载; 2. 完成八键智能控制面板的程序下载

4. 学习结果评价

序号	评价内容	评价标准	评价结果
1	安全防护措施及设备管理	1. 准备好个人防护用品及安全措施； 2. 正确使用仪表进行通电前的测试； 3. 使用前检查设备完好,无损害； 4. 使用后进行整理、清扫	
2	任务分析及软件操作	1. 正确理解项目任务的内容、目标等； 2. 正确进行开关控制模块参数设置； 3. 正确进行八键智能控制面板参数设置； 4. 完成组地址的组建； 5. 完成程序下载	
3	功能实现	1. 第一次按下按键 1 时,H1 灯延时 3 s 亮； 2. 第二次按下按键 1 时,H1 灯延时 4 s 灭； 3. 按键 1 的指示灯能反馈 H1 灯的状态,H1 灯亮则按键 1 指示灯亮,H1 灯灭则按键 1 指示灯灭； 4. 按要求保存编制的 KNX 程序	
4	施工完成后的恢复	1. 清理清扫设备； 2. 关闭设备电源； 3. 清空设备程序	

5. 课后作业

任务说明:通过 ETS5 软件编程设置,使八键智能控制面板实现以下功能。

① 第一次按下按键 1,H1 灯亮,第二次按下按键 1,H1 灯灭；

② 第一次按下按键 2,H1 灯延时 5 s 亮,第二次按下按键 2,H1 灯延时 2 s 灭；且按键 2 指示灯反馈 H1 灯的状态；

③ 按下按键 3,H2 灯亮；按下按键 4,H2 灯灭；

④ 按下按键 5,H1 灯延时 4 s 亮,H2 灯马上亮；按下按键 6,H1 灯马上灭,H2 灯延时 5 s 灭；同时按键 5 指示灯反馈 H1 灯的状态,按键 6 指示灯反馈 H2 灯的状态。

2.2.4　能对开关控制模块进行高阶功能调试

一、核心概念

1. 逻辑控制功能

逻辑控制的基本形式产生于对控制器运行机理的分析,获得的控制规则可用泛布尔代数描述。逻辑控制是按照泛布尔代数所服从的规律进行的。例如使用热水器时,只有既没熄火又没停水这两个条件同时满足才能使热水器工作,把这种关系概括成泛布尔代数的表达式,就是逻辑"与"的关系。换句话说,要使用热水必须"没熄火"与"没停水"这两个条件同时满足,缺一不可。逻辑控制概念图如图 2-27 所示。

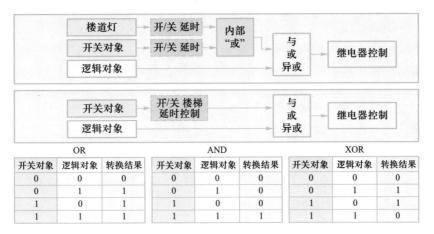

图 2-27　逻辑控制概念图

2. 优先级控制功能

优先级是指计算机操作系统给任务指定的优先执行等级。它决定任务在使用资源时优先执行命令的次序,也决定设备在提出中断请求时得到处理器响应的先后次序。任务调度优先级主要是指任务被调度运行时的优先级,主要与任务本身的优先级和调度算法有关。特别是在实时系统中,任务调度优先级反映了一个任务的重要性与紧迫性。优先级控制概念图如图 2-28所示。

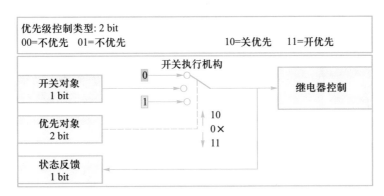

图 2-28　优先级控制概念图

3. 禁用功能

禁用(锁定)是指强制执行一个锁定状态,当对象处于该状态时不能被其他命令所影响,包括逻辑控制命令。禁用功能概念图如图 2-29 所示。

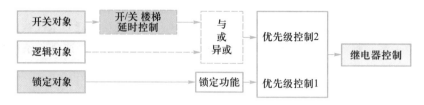

图 2-29　禁用功能概念图

二、学习目标

1. 了解并能分析出逻辑控制功能、优先级控制功能、禁用功能的区别与作用；

2. 熟练掌握逻辑控制功能、优先级控制功能、禁用功能的参数设置；

3. 灵活运用逻辑控制功能、优先级控制功能、禁用功能（不仅仅局限于单一模块的设置）。

三、基本知识

开关控制模块中逻辑"或"、逻辑"非"的区别：逻辑"或"的关系可以用电路比拟，即两个开关并联给同一盏灯供电的效果。只要其中任意一个开关置于通的状态（也可以两个开关都置于通的状态），灯就会亮。此外，还有逻辑"非"的关系，即否定的意思。只要把某个条件的定义反过来即为"非"的意思。对电路来说，开关的通、断颠倒过来，就成了"非"的关系。在自然界中这种二值逻辑是普遍存在的。

四、能力训练

1. 操作条件

① ETS5 软件；

② 施耐德电气 KNX 系统电源模块，八键智能控制面板（MTN628419），2 路开关控制模块（MTN649202），通信模块（MTN681829）；

③ 1 台计算机，1 根 USB 数据下载线，2 盏白炽灯，1 把螺钉旋具，220 V 电源。

2. 安全及注意事项

① 遵守用电安全基本准则，通电时注意安全防护；

② 对已完成的电路进行检查，确保设备安全后，才可通电。

3. 操作过程

任务说明：

① 通过八键智能控制面板的按键 1 和 2，实现对 H1 灯的逻辑"或"（OR）控制（按键 1 和按键 2 均为 Toggle 控制），按键 1 和 2 只要有一个为开的状态（值为 1），H1 灯就会亮。

② 通过八键智能控制面板按键 3，实现对 H2 灯的优先级控制，通过按键 4 可以使 H2 灯回到之前状态并且不会影响其他模块的功能。

③ 按一次八键智能控制面板按键 5 可开启 H2 灯的禁用功能（触发禁用功能之后所有操作包括手动操作均无效），再按一次按键 5 则关闭禁用功能，H2 灯恢复之前的状态。

序号	步骤	操作方法及说明	质量标准
1	新建项目	打开 ETS5 软件，在"项目"选项卡中单击"+"按钮，在弹出的"创建新项目"对话框中输入项目基本信息，完成后单击"创建项目"按钮，即可新建项目	正确新建项目
2	选择拓扑结构	1.单击"创建项目"按钮之后，系统会弹出如下图所示界面； 　　2.单击"建筑"下拉按钮，在下拉菜单中选择"拓扑"	正确选择拓扑结构
3	新建支线	1.单击"1 新建分区"； 　　2.选中"1.1 新建支线"； 　　3.单击"添加设备"按钮	完成新建支线

续表

序号	步骤	操作方法及说明	质量标准
4	搜索并添加模块数据库	1. 单击"添加设备"按钮后,系统会弹出产品目录窗口; 2. 单击"导入…"按钮,选定开关控制模块的数据库; 3. 搜索要添加的开关控制模块订货号; 4. 双击添加所选开关控制模块数据库; 5. 重复以上步骤添加八键智能控制面板数据库	正确添加模块数据库
5	开关控制模块参数设置	在"1.1 新建支线"下选择开关控制模块	完成开关控制模块参数设置
6	设置逻辑控制	将"Channel 1"中的"Higher priority function"参数设为"logic operation"; 系统进入"Channel1:Logic operation"界面,在"Type of logic operation"选项中选择"或"(OR)	实现 H1 灯逻辑控制功能

续表

序号	步骤	操作方法及说明	质量标准
7	设置优先级控制	将"Channel 2"中的"Higher priority function"参数设为"priority"； 说明：若选择"服从较低优先级控制"选项，在删除该优先级时，所有模块恢复开启优先级前状态；若选择"没有反应"选项，则该优先级删除后，所有模块的状态都不会改变。由于题目无特殊要求，这里选择默认（没有反应）选项，母线电压恢复后的优先级动作也选择默认（不启用）选项	实现 H2 灯优先级控制功能
8	设置禁用控制	将"Channel 2"中的"Disable function"参数设为"enabled"； 根据题目要求，这里选择的锁定目标值为1，意为当锁定功能接收到"1"值之后会触发；锁定开始时的行为选择"pressed"（接通，按下的意思），意为当锁定触发时，H2 灯为亮的状态；锁定结束时的行为选择"服从较低优先级控制"选项，使 H2 灯在禁用功能关闭后恢复之前的状态（这个设置默认在结束时服从更高级的优先级）；总线电压恢复后锁定功能的反应，题目中无要求，这里选择默认的"不活跃"选项	实现 H2 灯禁用功能

序号	步骤	操作方法及说明	质量标准
9	选择八键智能控制面板	由于这里选用的是八键智能控制面板（带红外），所以这里选择"4-gong IR"，表示四路按键+红外传感器 	正确选择八键智能控制面板
10	设置按键功能	根据题目要求，按键功能选择"Toggle"（切换）控制，由于只能发送 1 bit 的对象，所以发送对象数量选择"one"，LED 灯反馈则选择默认设置（反馈对象 A），反馈对象 A 的长度设置为 1 bit，逻辑控制也为 1 bit，故设置相同； 按键 3 和 4 发送功能选择设为"Edges 1 bit，2 bit，4 bit，1 byte value"，可以发送多种长度的值；有两种模式（正常和扩展），根据题目这里选择默认选项（正常）； 进入 priority 界面，这里要控制的优先级长度为 2 bit，所以对象 A 的数据长度选择 2 bit；按下按键时发送值选择"sends value 1"；对于松开按键时发送值，题目中无要求，所以选择"none"；按键 3 的功能为开启 H2 灯优先级，所以"Value 1"设置为"开启优先级（11）"选项；按键 4 用相同方式选择"删除优先级（00）"选项，需要注意的是此选项会对更低级的优先级产生影响，不符合题意，故选择"删除优先级（00）"； 由于禁用功能数据长度为 1 bit，所以这里根据题目默认选择"Toggle"控制	1. 实现按键 1 和 2 的 Toggle 控制形式； 2. 设置按键 3 和 4 对优先级（2 bit）的控制，实现按键 3 开启优先级，实现按键 4 删除优先级； 3. 实现按键 5 对 H2 灯禁用功能的控制

续表

序号	步骤	操作方法及说明	质量标准
11	组地址	进入组对象界面,按题目要求每个控制按键与每个相对的被控制对象用一个相同的组地址来进行链接	通过组地址的方式进行链接,使控制功能实现
12	下载模块程序	右击要下载的数据库,在弹出的菜单中选择"下载"→"完整下载",这时需要按下相应模块的编程按键	完成下载模块程序

4. 学习结果评价

序号	评价内容	评价标准	评价结果
1	安全防护措施及设备管理	1. 准备好个人防护用品及安全措施; 2. 正确使用仪表进行通电前的测试; 3. 使用前检查设备,应完好、无损害; 4. 使用后进行整理、清扫	
2	任务分析及软件操作	1. 正确理解项目任务的内容、目标等; 2. 完成开关控制模块的参数设置; 3. 完成八键智能控制面板的参数设置; 4. 完成组地址创建; 5. 完成程序下载	

续表

序号	评价内容	评价标准	评价结果
3	功能实现	1. 当用按键 1、按键 2 控制 H1 灯时,只要有一个按键发送 1 值,则另一个按键无法控制 H1 灯的亮灭状态; 2. 按下按键 3 时,H2 灯亮并且其中的较低优先级(包括手动操作)均无效;按下按键 4 时,删除优先级并将 H2 灯恢复到之前的状态; 3. 按下按键 5,H2 灯亮并开启禁用功能,之后所有操作(除更高的优先级)都无效,再次按下按键 5 关闭禁用功能,之后 H2 灯可控; 4. 按要求保存编制完成的 KNX 程序	
4	施工完成后的恢复	1. 清扫设备; 2. 关闭设备电源; 3. 清空设备程序	

5. 课后作业

任务说明:通过 ETS5 软件编程设置,使八键智能控制面板实现以下功能。

① 当按下按键 2 时,按键 1 对 H2 灯可实现 Toggle 控制,但再次按下按键 2 时,按键 1 无法控制 H2 灯。(逻辑控制)

② 当按下按键 3 时,H2 灯亮并开启优先级控制,此时按键 1、按键 2 及手动操作均无效,当按下按键 5 时,H2 灯恢复到之前的状态并关闭优先级控制,按键 5 的 LED 灯反馈 H2 灯的亮灭状态。

③ 当按下按键 4 时,H1 灯亮并开启禁用功能,此时手动操作等功能无效,按下按键 6 关闭禁用功能。

2.3　调光控制功能设置

2.3.1　能了解主要的调光控制方式

一、核心概念

常用的调光控制方式有晶闸管调光、0～10 V 调光和 DALI 调光等。

① 晶闸管调光:通过调节交流电压每个半波的导通角来改变正弦波形,从而改变交流电流的有效值,以此实现调光的目的。常说的晶闸管调光一般分为前沿切相调光和后沿切相调光两种;

② 0～10 V 调光：是一种模拟调光方式，它是通过改变电压（0～10 V）来控制电源的输出电流从而达到调光效果；

③ DALI 调光：DALI（Digital Addressable Lighting Interface，数字可寻址照明接口）调光是一种数字调光技术，基于 DALI 协议设计而成。DALI 协议是一种开放式的异步串行数字通信协议，专用于照明控制。

二、学习目标

1. 了解主要的调光控制方式；
2. 了解晶闸管调光、0～10 V 调光及 DALI 调光的基本原理；
3. 掌握施耐德电气通用调光模块、0～10 V 调光模块及 DALI 调光模块的产品功能。

三、基本知识

1. 晶闸管调光

通常说的晶闸管调光实际上包含两种：一种是前沿切相调光，另一种是后沿切相调光。

前沿切相调光的工作原理是利用晶闸管的特性，从交流 0 相位开始，通过控制输入电压波形的导通角实现切相，产生一个切相的波形，从而改变电流有效值，以此实现调光的目的，如图 2-30 所示。前沿切相调光的优点是工作效率高，性能稳定，成本较低，适用于早期的白炽灯等电阻性负载；其缺点是晶闸管属于半控开关器件，关断后依然有微弱电流通过，而 LED 发光所需电流很小，使用晶闸管调光器控制 LED 会导致关断后仍有微弱发光或闪烁的现象，并且容易产生噪声。

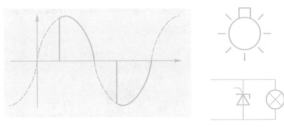

图 2-30　前沿切相调光

后沿切相调光采用场效应晶体管（MOSFET）或绝缘栅双极型晶体管（IGBT）制成。工作原理与前沿切相调光类似，都是通过改变输入正弦交流电流波形从而调节电流有效值实现调光，如图 2-31 所示。后沿切相调光的优点是：MOSFET 是全控开关器件，既可以控制导通，也可以控制关断，故不存在调光器不能完全关断的现象，更适合控制 LED 等负载调光；其缺点是成本偏高，电路较复杂，稳定性较差。

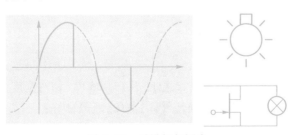

图 2-31　后沿切相调光

2. 0～10 V调光

0～10 V调光模块内有两条独立输入电路：一条为普通的单相供电电路，用于接通或关断照明设备的电源；另一条为0～10 V低压参考电路，提供照明设备调光所需的信号，通过改变电压来控制电源的输出电流从而达到调光效果。0～10 V调光模块常用在荧光灯的调光控制上，改进之后也可用于LED照明灯。其优点是应用简单，兼容性好，精度高，调光效果好；其缺点是需要增加额外控制器和控制线路。

0～10 V调光与1～10 V调光的区别在于：0～10 V调光可以关断灯具，1～10 V调光不能关断灯具。

3. DALI调光

DALI调光模块的功能：能够对每个灯进行单独控制；可以实现亮度、色温、颜色等线性控制；可以对灯具进行分组控制；可以设置不同的情景模式、计划；还可以进行能耗监控、灯具的健康状态监控等。DALI调光的优点有：数字调光，调光精确稳定平滑；可以双向通信，可以向系统反馈灯具的情况；控制更加灵活；抗干扰能力强。其缺点是需要增加额外的控制器和控制线路，布线烦琐。

DALI调光模块最多可以通过64个短地址和16个组地址构成网络，一个主机可以控制一个或者多个从机。DALI调光模块构成一般包括：

① DALI控制设备：向灯具网络发出照明控制命令；

② DALI控制装置：接收并执行由DALI控制设备发出的DALI标准指令；

③ DALI网关：主要负责DALI总线系统与外界其他协议系统的信息交换；

④ DALI总线中继器：为DALI总线提供中继驱动，延长DALI总线的通信距离。

DALI调光模块接线示意图如图2-32所示。

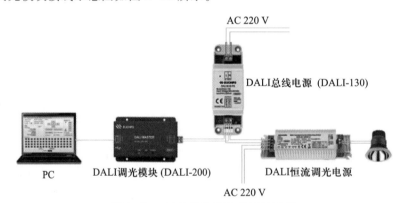

图2-32　DALI调光模块接线示意图

四、能力训练

1. 操作条件

① 环境指标要求：照度为200～300 lx，温度为15～35 ℃，相对湿度为20%～90% RH（无凝露），无导电性粉尘，无易燃、易爆及腐蚀性气体、液体，通风良好；

② 实验台要求：实验台稳固，台面清洁；

③ 工具类型：装配、调试所用的电工常用工具符合安装工作需要；

④ 操作系统的要求：PC已安装可用的操作系统，PC与KNX系统的编程通信连接线匹配。

2. 安全及注意事项

① 熟悉本岗位安全操作规程，已进行实验室用电安全、工具使用安全教育；

② 人员安全防护装备齐整，符合安装现场要求；

③ 实训前，检查设备电源连接是否可靠，检查电源线是否完好，电源插头是否完整；

④ 使用PC时按要求操作，不得随意更改设置，禁止随意删除文件和卸载软件；

⑤ 实训中应使用文明语言，遵守操作行为规范；

⑥ 爱护实训设备、设施和软件配置，不得动用与实训内容无关的仪器设备；

⑦ 实训结束后，清点工具，整理设备，打扫卫生。

3. 操作过程

操作1：熟悉通用调光模块。

序号	步骤	操作方法及说明	质量标准
1	在实验台上找到通用调光模块	根据订货号或者标识信息识别通用调光模块 	找到通用调光模块
2	观察通用调光模块	1. 借助可调光的绕线式或电子式变压器来对白炽灯、高压卤素灯和低压卤素灯进行开关和调光操作(后沿切相调光和前沿切相调光)。模块带有内置的总线耦合器，螺纹端口，短路、空转和过热保护元件，并提供对灯具起到保护作用的软启动功能； 2. 将通用调光模块安装在EN 50022 DIN导轨上； 3. 通用调光模块能够自动识别连接的负载。它能连接电阻性负载、电感性负载及电容性负载，也能连接电阻性负载与电感性负载的组合或者电阻性负载与电容性负载的组合，但不能连接电感性负载与电容性负载的组合； 4. 总线的连接通过一个总线连接端子完成，无须数据导轨数据条	1. 熟悉接线端口； 2. 熟悉通用调光模块特点； 3. 熟悉安装方式； 4. 熟悉负载类型

续表

序号	步骤	操作方法及说明	质量标准
3	熟悉通用调光模块参数	额定电压:AC 220 V,50/60 Hz; 额定功率:最大 500 W; 最低负载(电阻性):20W; 最低负载(电阻性-电感性-电容性):50 V·A; 输入端(辅控操作):AC 220 V,50/60 Hz (与调光信道处于同一相位); 装置宽度:4 模数(约 72 mm)	知道通用调光模块参数
4	认识通用调光模块软件功能	通过 ETS5 软件可以修改通用调光模块的各种调光曲线和调光速度,设置相同的调光时间,还可以设置记忆功能、延时(接通/关闭)、楼梯灯延时(带/不带手动关闭)、场景(最多可以调用 8 个亮度值)、中央功能、逻辑连接或强制执行、联锁功能、状态反馈、总线电源恢复时的反应	熟悉通用调光模块软件功能

操作 2:熟悉 0~10 V 调光模块。

序号	步骤	操作方法及说明	质量标准
1	在实验台上找到 0~10 V 调光模块	根据订货号或者标识信息识别 0~10 V 调光模块	找到 0~10 V 调光模块
2	观察 0~10 V 调光模块	1. 0~10 V 调光模块用来把带有 0~10 V 接口的照明设备连接到 KNX 系统,带有内置的总线耦合器以及螺纹端口(220 V)或插接螺旋端口(0~10 V),220 V 开关输出可以使用一个手动控制开关来操作; 2. 将 0~10 V 调光模块安装到 EN 50022 DIN 导轨上。使用总线连接端子连接总线,不需要数据导轨数据条	1. 熟悉接线端口; 2. 熟悉 0~10 V 调光模块特点; 3. 熟悉 0~10 V 调光模块安装方式

序号	步骤	操作方法及说明	质量标准
3	熟悉 0~10 V 调光模块参数	开关触点：用来开关电子镇流器/变压器； 开关电压：AC 220 V； 开关电流：16 A，cos ϕ = 0.6； 开关容量：AC 220 V，3 600 W，cos ϕ = 1； 电容性负载：AC 220 V，3 600 W，200 μF； 卤素灯：AC 220 V，2 500 W； 荧光灯：AC 220 V，最大 5 000 W，无补偿； AC 220 V，最大 2 500 W，带有并联补偿； 0~10 V 接口：用来调节电子镇流器/变压器的调光信号； 电压范围：DC 0~10 V； 装置宽度：2.5 模数（约 45 mm）	知道 0~10 V 调光模块参数
4	认识 0~10 V 调光模块软件功能	通过 ETS5 软件可以修改该模块的各种调光曲线和调光速度，设置相同的调光时间，还可以设置记忆功能、延迟（开启/关闭）、楼梯灯延时（带/不带手动关闭）、场景（最多可以调用 8 个亮度值）、中央功能、逻辑操作或优先级控制、封闭功能、状态反馈、总线电压恢复时的反应	熟悉 0~10 V 调光模块软件功能

操作 3：熟悉 DALI 调光模块。

序号	步骤	操作方法及说明	质量标准
1	在实验台上找到 DALI 调光模块	根据订货号或者标识信息识别 DALI 调光模块 ![DALI 调光模块]	找到 DALI 调光模块

序号	步骤	操作方法及说明	质量标准
2	观察 DALI 调光模块	1. DALI 调光模块用来连接 KNX 系统与 DALI 总线。该调光模块集成了对于 DALI 电子设备(包括电子镇流器、电子控制装置等)的供电电源以及控制器; 2. DALI 调光模块支持最多单独对 64 个 DALI 电子设备进行开关和调光控制,支持最多 16 个控制组以及控制多达 16 个场景。64 个 DALI 电子设备可以单独控制也可以组合控制; 3. 每个 DALI 电子设备或者连接的 DALI 灯具都可以将错误消息反馈传输到 KNX 系统中,并通过可视化平台显示; 4. 集成总线耦合器。在标准 35 mm 的 EN 60715 DIN 导轨上安装。使用总线连接端子连接总线,不需要数据导轨数据条	1. 熟悉接线端口; 2. 熟悉 DALI 调光模块特点; 3. 熟悉 DALI 调光模块安装方式
3	熟悉 DALI 调光模块参数	电源电压:AC/DC 100~220 V,50/60 Hz; 输出:DALI 的 D+、D−,直流 16~18 V(基本绝缘,非 SELV),最大 250 mA,短路保护; 接口:KNX,DALI; 类型:DALI I 类控制装置(单主机); 连接导线:电源供应或 DALI 端连接导线为 1.5~2.5 mm^2; 防护等级:IP20; 装置宽度:4 模数(约 69 mm)	知道 DALI 调光模块参数
4	认识 DALI 调光模块软件功能	软件功能:DALI 调光模块具有开关功能、调光功能、设置亮度值功能、楼梯功能、计时器功能、状态信息反馈功能、延迟功能及详细错误消息反馈功能;通过可选的间隔测试来测试 DALI 电子设备的应急照明供电电池或可充电电池;能通过广播控制切换所有的 DALI 电子设备的打开或关闭状态;能对不同调光亮度值的调光速度进行设置;能设置调光亮度值的最大值和最小值;具有不同的模式(正常模式,永久模式,夜间模式);能自动计算运行时间以及每个电子设备的老化时间	熟悉 DALI 调光模块软件功能

4. 学习结果评价

序号	评价内容	评价标准	评价结果
1	常用调光控制方式	能正确表述	
2	晶闸管调光控制	明确前沿切相调光的原理、优缺点； 明确后沿切相调光的原理、优缺点	
3	0~10 V 调光控制	明确 0~10 V 调光的原理、优缺点	
4	DALI 调光控制	了解 DALI 调光	
5	通用调光模块	正确识别通用调光模块； 知道通用调光模块参数、功能	
6	0~10 V 调光模块	正确识别 0~10 V 调光模块； 知道 0~10 V 调光模块参数、功能	
7	DALI 调光模块	正确识别 DALI 调光模块； 知道 DALI 调光模块参数、功能	

5. 课后作业

① 观察图 2-33，写出设备名称。

(a)   (b)   (c)

图 2-33 题①图

② 写出下列灯具可选用的最佳调光控制方式。

白炽灯：_____   卤素灯：_____

荧光灯：_____   LED 灯：_____

CFL（紧凑型荧光灯）：_____

2.3.2　能对通用调光模块进行接线

一、核心概念

① 通用调光模块：在 KNX 系统中属于执行器的一种，能够在灯具正常工作的情况下，调

整灯具的亮度等。

② 软件功能：通用调光模块的软件功能需要通过 ETS5 软件进行编程设置后再下载到模块中才能实现。

二、学习目标

1. 了解通用调光模块的相关参数；
2. 知道通用调光模块的软件功能；
3. 掌握通用调光模块的安装接线方法；
4. 掌握通用调光模块的指示灯状态含义和操作方法。

三、基本知识

1. 参数说明

通用调光模块在 KNX 系统中是一种应用非常广泛的执行器，施耐德电气 KNX 系统中常用的通用调光模块有 4 路单相供电、2 路单相供电、单路单相供电、单路多相供电，如图 2-34 所示。

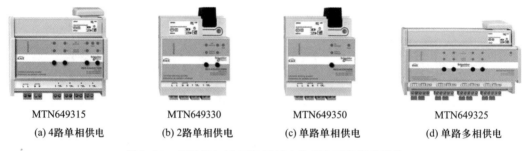

MTN649315　　　　MTN649330　　　　MTN649350　　　　MTN649325

(a) 4 路单相供电　(b) 2 路单相供电　(c) 单路单相供电　(d) 单路多相供电

图 2-34　施耐德电气 KNX 系统中常用的通用调光模块

本实验台上安装的是 500 W 单路单相供电通用调光模块 MTN649350，该模块借助可调光的绕线式或电子式变压器来对白炽灯、高压卤素灯和低压卤素灯进行开关和调光操作（后沿切相调光和前沿切相调光）。该模块带内置的总线耦合器，螺纹端口，短路、空转和过热保护元件，并提供对灯具起到保护作用的软启动功能，安装在 EN 50022 DIN 导轨上。该模块能够连接电阻性负载、电感性负载及电容性负载，也能连接电阻性负载与电感性负载的组合或电阻性负载与电容性负载的组合，但不能连接电感性负载与电容性负载的组合。该模块能自动识别连接的负载。总线的连接通过一个总线连接端子完成，无须数据导轨数据条。

总线供电：DC 24 V，5 mA。

额定电压：AC 220 V，50/60 Hz。

额定功率：最大 500 W。

最低负载（电阻性）：20 W。

最低负载（电阻性-电感性-电容性）：50 V·A。

输入端（辅控操作）：AC 220 V，50/60 Hz（与调光信道处于同一相位）。

装置宽度：4 模数（约 72 mm）。

标称最大功率的条件是电源频率为 50 Hz(环境温度最高约 35 ℃)。当频率为 60 Hz 时最大功率应降低约 15%。

通用调光模块结构示意图如图 2-35 所示。

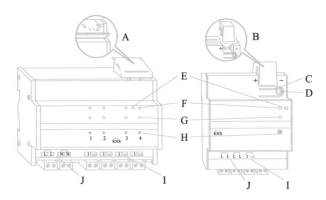

A-电缆盖;B-总线连接端子;C-编程按键;D-编程指示灯;E-运行指示灯;F-通道状态指示灯;
G-通道故障指示灯;H-通道手动控制开关;I-通道负载和扩展单元端子;J-电源端子

图 2-35　通用调光模块结构示意图

2. 软件功能

通过 ETS5 软件可以修改该模块的各种调光曲线和调光速度,设置相同的调光时间,还具有记忆功能、延时(接通/关闭)、楼梯灯延时(带/不带手动关闭)、场景(最多可以调用 8 个亮度值)、中央功能、逻辑连接或强制执行、联锁功能、状态反馈、总线电源恢复时的反应。

3. 指示灯状态(见表 2-2)

表 2-2　指示灯状态

运行指示灯 (绿色)	通道状态指示灯 (黄色)	通道故障指示灯 (红色)	原因
ON	—	—	总线和电源接通,通道关闭
ON	ON	—	总线和电源接通,通道接通或负载检测
ON	—	ON	总线和电源接通,过载或者短路,通道关闭
ON	ON	ON	无负载,通道已关闭,电源和总线接通
—	—	—	无总线电压,通道关闭,或者电源未接通
—	ON	—	无总线电压,通道接通
—	—	ON	过载或短路,无总线电压,通道关闭
—	ON	ON	无负载且无总线电压,通道关闭
Flashes	ON/OFF	ALL ON	温度过高,所有打开的通道都将变暗至最小功率/最小亮度。当前关闭的通道无法打开

四、能力训练

1. 操作条件

① 环境指标要求：照度为 200～300 lx，温度为 15～35 ℃，相对湿度为 20%～90%RH（无凝露），无导电性粉尘，无易燃、易爆及腐蚀性气体、液体，通风良好。

② 实验台要求：实验台稳固，台面清洁。

③ 工具类型：装配、调试所用的电工常用工具符合安装工作需要。

2. 安全及注意事项

① 熟悉本岗位安全操作规程，已进行实验室用电安全、工具使用安全教育。

② 人员安全防护装备齐整，符合安装现场要求。

③ 实训前，检查设备电源连接是否可靠，检查电源线是否完好，电源插头是否完整。

④ 实训中应使用文明语言，遵守操作行为规范。

⑤ 爱护实训设备、设施和软件配置，不得动用与实训内容无关的仪器设备。

⑥ 实训结束后，清点工具，整理设备，打扫卫生。

3. 操作过程

任务说明：在实验台上安装通用调光模块，并进行接线练习，操作通道手动控制开关观察指示灯状态。

操作 1：安装、接线。

序号	步骤	操作方法及说明	质量标准
1	将通用调光模块安装在 DIN 导轨上	1. 将卡槽上端卡在 DIN 导轨上沿； 2. 拉出通用调光模块上的卡簧； 3. 将通用调光模块推入导轨下沿	能正确拆装通用调光模块
2	连接 KNX 总线	拆下电缆盖，将 KNX 总线插入总线连接端子，再把端子装回模块，装上电缆盖	正确拆装 KNX 总线

续表

序号	步骤	操作方法及说明	质量标准
3	负载接线示意图	标记"1"的接线端子是 220 V 额外输入端,可用于连接普通的复位开关。接线要符合工艺规范 （负载接线示意图） KNX　　　　L N 10 A 2 1 ⊗ 1 1 ⊗ N L	能按照规范正确接线

操作 2:操作通道手动控制开关并观察指示灯。

序号	步骤	操作方法及说明	质量标准
1	合上电源开关	找到实验台上的低压断路器,接通电源,观察通用调光模块运行指示灯状态	打开电源
2	手动控制负载接通/断开	按下通道手动控制开关,通道状态指示灯亮,负载接通;再次按下通道手动控制开关,通道状态指示灯关闭	能手动控制通道开启/关闭

4. 学习结果评价

序号	评价内容	评价标准	评价结果
1	实验台上通用调光模块的参数信息	正确理解通用调光模块参数	
2	通用调光模块面板	正确认识通用调光模块按键和端子	
3	通用调光模块指示灯	正确认识通用调光模块指示灯含义	
4	通用调光模块软件功能	正确认识通用调光模块软件功能	
5	通用调光模块安装	正确拆装通用调光模块（DIN 导轨）	
6	通用调光模块 KNX 总线连接	正确连接 KNX 总线	
7	通用调光模块负载接线	正确完成电源及负载接线	
8	通用调光模块手动控制	正确使用通道手动控制开关手动控制通道	

5. 课后作业

① 写出通用调光模块出现如图 2-36 所示指示灯状态的原因。

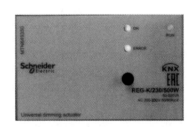

图 2-36　题①图

② 写出如图 2-37 所示通用调光模块箭头所指部件的名称。

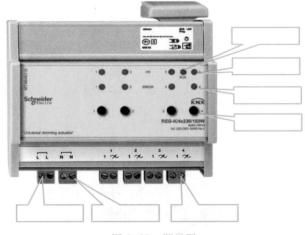

图 2-37　题②图

③ 在表 2-3 中填写出现对应指示灯状态的原因。

表 2-3　指示灯状态及原因

运行指示灯 （绿色）	通道状态指示灯 （黄色）	通道故障指示灯 （红色）	原因
ON	—	ON	
—	ON	—	
—	—	ON	
—	ON	ON	
Flashes	ON/OFF	ALL ON	

2.3.3　能对 0～10 V 调光模块进行接线

一、核心概念

① 0～10 V 调光模块在 KNX 系统中属于执行器的一种,采用模拟调光方式。它在照明设备供电电路基础上增加了一条 0～10 V 低压电路,通过改变电压来控制模块的输出电流从而达到调光效果。

② 软件功能:0～10 V 调光模块的软件功能需要通过 ETS5 软件进行编程设置后再下载到模块中才能实现。

二、学习目标

1. 了解 0～10 V 调光模块的相关参数;
2. 知道 0～10 V 调光模块的软件功能;
3. 掌握 0～10 V 调光模块的安装接线方法;
4. 掌握 0～10 V 调光模块的指示灯状态含义和操作方法。

三、基本知识

1. 参数说明

0～10 V 调光模块在 KNX 系统中是一种应用非常广泛的执行器,施耐德电气 KNX 系统中常用的 0～10 V 调光模块有单路 0～10 V 荧光灯调光模块和 3 路 0～10 V 荧光灯调光模块,如图 2-38 所示。

本实验台上安装的是单路 0～10 V 荧光灯调光模块 MTN647091,该模块用来把带有 0～10 V 接口的设备连接到 KNX 系统,带有内置的总线耦合器以及螺纹端子(220 V)或插接螺旋端子(0～10 V),220 V 开关输出可以使用一个手动控制开关来操作,安装到 EN 50022 DIN 导轨上,使用总线连接端子连接总线,不需要数据导轨数据条。在载入应用程序后使用一个运行指示灯(绿色)表示设备处于操作就绪状态。

(a) 单路0~10 V荧光灯调光模块(MTN647091)　　(b) 3路0~10 V荧光灯调光模块(MTN646991)

图 2-38　调光模块

开关触点:用来开关电子镇流器/变压器。

开关电压:AC 220 V。

开关电流:16A,cos ϕ = 0.6。

开关容量:AC 220 V,3 600 W,cos ϕ = 1。

电容性负载:AC 220 V,3 600 W,200 μF。

卤素灯:AC 220 V,2 500 W。

荧光灯:AC 220 V,最大 5 000 W,无补偿;AC 220 V,最大 2 500 W,带有并联补偿。

0~10 V 接口:用来调节电子镇流器/变压器的调光信号。

电压范围:DC 0~10 V。

装置宽度:2.5 模数(约 45 mm)。

0~10 V 调光模块结构示意图如图 2-39 所示。

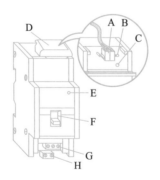

A-总线连接端子;B-编程指示灯(红色);C-编程按键;D-电缆盖;

E-运行指示灯(绿色);F-手动控制开关;G-负载电压通道端子;H-0~10 V 输出

图 2-39　0~10 V 调光模块结构示意图

2. 软件功能

通过 ETS5 软件可以修改该模块的各种调光曲线和调光速度,设置相同的调光时间,还具有记忆功能、延迟(开启/关闭)、楼梯灯延时(带/不带手动关闭功能)、场景(最多可以恢复 8 个存储的亮度值)、中央功能、逻辑操作或优先级控制、封闭功能、状态反馈、总线电压恢复的反应。

3. 指示灯状态（见表 2-4）

表 2-4　指示灯状态

运行指示灯（绿色）	原因
ON	总线和电源接通
—	无总线电压，通道关闭，或者电源未接通

四、能力训练

1. 操作条件

① 环境指标要求：照度为 200~300 lx，温度为 15~35 ℃，相对湿度为 20%~90% RH（无凝露），无导电性粉尘，无易燃、易爆及腐蚀性气体、液体，通风良好。

② 实验台要求：实验台稳固，台面清洁。

③ 工具类型：装配、调试所用的电工常用工具符合安装工作需要。

2. 安全及注意事项

① 熟悉本岗位安全操作规程，已进行实验室用电安全、工具使用安全教育。

② 人员安全防护装备齐整，符合安装现场要求。

③ 实训前，检查设备电源连接是否可靠，检查电源线是否完好，电源插头是否完整。

④ 实训中应使用文明语言，遵守操作行为规范。

⑤ 爱护实训设备、设施和软件配置，不得动用与实训内容无关的仪器设备。

⑥ 实训结束后，清点工具，整理设备，打扫卫生。

3. 操作过程

任务说明：在实验台上安装 0~10 V 调光模块，并进行接线练习，操作手动控制开关观察指示灯状态。

操作 1：安装、接线。

序号	步骤	操作方法及说明	质量标准
1	将 0~10 V 调光模块安装在 DIN 导轨上	1. 将卡槽下端卡在 DIN 导轨下沿； 2. 推入 0~10 V 调光模块上端	能正确拆装 0~10 V 调光模块

续表

序号	步骤	操作方法及说明	质量标准
2	连接 KNX 总线	1. 打开电缆盖,将 KNX 总线插入总线连接端子; ①　② 5 mm 2. 把端子装回模块,盖上电缆盖 ③　④	正确拆装 KNX 总线
3	接线示意图	1. 接线要符合工艺规范; KNX +−　L1 N 16 A A 0~10 V　L −+ B 0~10 V　L N −+ C AC 12 V　D 0~10 V　L N −+ E F 2. 接线示意图说明。A:0~10 V 调光模块;B:带 0~10 V/1~10 V 接口的电子镇流器;C:荧光灯;D:带 0~10 V/1~10 V 控制信号输入的电子变压器;E:低压卤素灯;F:至其他 0~10 V/1~10 V 接口设备	能按照规范正确接线

操作2:操作手动控制开关并观察运行指示灯状态。

序号	步骤	操作方法及说明	质量标准
1	合上电源开关	找到实验台上的低压断路器,接通电源,观察运行指示灯状态	打开电源
2	手动控制负载接通断开	扳起手动控制开关,负载接通;按下手动控制开关,负载关闭	能手动控制通道开启/关闭

4. 学习结果评价

序号	评价内容	评价标准	评价结果
1	实验台上0~10 V调光模块的参数信息	正确理解0~10 V调光模块参数	
2	0~10 V调光模块面板	正确认识0~10 V调光模块按键和端子	
3	0~10 V调光模块指示灯	正确认识0~10 V调光模块指示灯含义	
4	0~10 V调光模块软件功能	正确认识0~10 V调光模块软件功能	
5	0~10 V调光模块安装	正确拆装0~10 V调光模块(DIN导轨)	
6	0~10 V调光模块KNX总线连接	正确连接KNX总线	
7	0~10 V调光模块负载接线	正确完成电源及负载接线	
8	0~10 V调光模块手动控制	正确使用手动控制开关手动控制通道	

5. 课后作业

① 写出图 2-40 所示模块各部分的名称。

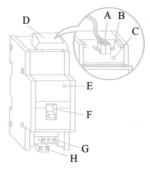

图 2-40　题①图

A:_____　　B:_____

C:_____　　D:_____

E:_____　　F:_____

G:_____　　H:_____

② 根据图 2-41 所示的元器件画出电路接线示意图,要求 0~10 V 调光模块控制两盏荧光灯的开关和调光。

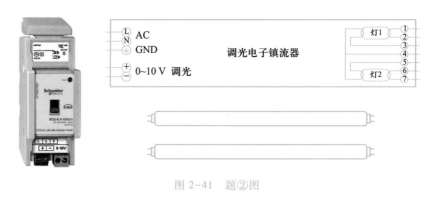

图 2-41　题②图

2.3.4　能对调光控制模块进行基础功能调试

一、核心概念

调光控制模块可以实现开关(Switch)、调光(Dimming)及亮度值(Value)设定功能。

① Switch:开关功能,调光控制模块要能对灯具进行开启和关闭控制。

② Dimming:调光功能,调光控制模块要能对灯具亮度进行调整。

③ Value:亮度值设定功能,调光控制模块要能对灯具亮度值进行设定。

二、学习目标

1. 明确调光控制模块三种组对象表示的意义及作用；
2. 掌握通用调光模块的基本参数设置；
3. 掌握 0~10 V 调光模块的基本参数设置；
4. 能对调光控制模块的基础功能进行调试。

三、基本知识

1. 调光控制模块的组对象

常用的调光控制模块有通用调光模块和 0~10 V 调光模块，它们的每个通道一般都对应以下三类组对象，用于实现三种功能。

① Switch object（开关组对象）：可以通过与智能控制面板按键的相同组对象绑定同一组地址来实现对灯具的开关控制，该组对象的数据长度为 1 bit。

② Dimming object（调光组对象）：可以通过与智能控制面板按键的相同组对象绑定同一组地址来实现对灯具的调光控制，该组对象的数据长度为 4 bit。

③ Value object（亮度值组对象）：可以通过与智能控制面板按键的相同组对象绑定同一组地址来实现对灯具的亮度值设定，该组对象的数据长度为 1 byte。

2. 调光控制模块通道×通用设置（×:General）

Minimum dimming value in %:最低亮度设定；

Maximum dimming value in %:最高亮度设定；

Initial brightness:初始亮度；

Base dimming curve:调光曲线选择；

Dimming object switches channel:调光组地址能否开启/关断回路；

Value object switches channel:亮度组地址能否开启/关断回路；

Delay times:开/关延时；

Staircase lighting function:倒计时应用；

Switch object effective:开关状态设置；

Scenes:场景功能；

Central function:群控功能；

Higher priority function:高优先级控制；

Locking function:强制控制功能；

Behaviour when bus voltage fails:总线失电压后的状态；

Behaviour when bus voltage returns:总线电压恢复后的状态；

Behaviour after download:程序下载后的状态；

Control voltage by open relay:开启继电器控制电压；

Status switch:开关状态反馈；

Status value object/brightness value:亮度状态反馈。

四、能力训练

1. 操作条件

① 环境指标要求：照度为 200~300 lx，温度为 15~35 ℃，相对湿度为 20%~90% RH（无凝露），无导电性粉尘，无易燃、易爆及腐蚀性气体、液体，通风良好。

② 实验台要求：实验台稳固，台面清洁。

③ 工具类型：装配、调试所用的电工常用工具符合安装工作需要。

④ 操作系统的要求：PC 已安装可用的操作系统及 ETS5 软件，PC 与 KNX 系统的编程通信连接线匹配。

2. 安全及注意事项

① 熟悉本岗位安全操作规程，已进行实验室用电安全、工具使用安全教育。

② 人员安全防护装备齐整，符合安装现场要求。

③ 实训前，检查设备电源连接是否可靠，检查电源线是否完好，电源插头是否完整。

④ 使用计算机时按要求操作，不得随意更改设置，禁止随意删除文件及卸载软件。

⑤ 实训中应使用文明语言，遵守操作行为规范。

⑥ 爱护实训设备、设施和软件配置，不得动用与实训内容无关的仪器设备。

⑦ 实训结束后，清点工具，整理设备，打扫卫生。

3. 操作过程

对通用调光模块和智能控制面板编程，实现以下功能：

① 智能控制面板按键 1：对通用调光模块进行开关/调光控制；

② 智能控制面板按键 2：设定 80% 亮度值；

③ 智能控制面板按键 3：设定 20% 亮度值；

④ 调光组地址能开启但不能关断回路，亮度组地址既能开启又能关断回路。

序号	步骤	操作方法及说明	质量标准
1	新建项目	1. 打开 ETS5 软件，单击新建项目按钮 ➕； 2. 在弹出的"创建新项目"对话框中修改"名称""主干""拓扑"以及"组地址格式"等设置	能正确建立项目

序号	步骤	操作方法及说明	质量标准
2	在"拓扑"视图下添加设备	1. 在"拓扑"视图中右击"1.1 新建支线",在弹出的菜单中单击"添加设备"; 或者在"拓扑"视图中单击"添加设备"按钮; 2. 在弹出的产品目录窗口找到需要的设备并双击即可完成添加; 添加设备时可以按照设备硬件上的订货号进行搜索,以提高效率	能正确查找并安装设备
3	设置参数	1. 通用调光模块参数设置: ① 在"General"选项下打开"Channel 1"(通道1); ② 在通道1的"1:General"选项下设置:调光组地址能开启但不能关断回路(only ON,not OFF),亮度组地址既能开启又能关断回路(ON and OFF);	能按要求正确设置各模块的参数

101

续表

序号	步骤	操作方法及说明	质量标准
3	设置参数	2. 智能控制面板模块参数设置： ① 根据实际硬件情况，在"General"选项下设置智能控制面板类型； ② 将按键 1 设置为用于调光控制； ③ 将按键 2 设置为发送亮度值功能； 按下按键 2 灯具以 80% 的亮度值亮起； ④ 将按键 3 设置为发送亮度值功能； 按下按键 3 灯具以 20% 的亮度值亮起	能按要求正确设置各模块的参数
4	分配组地址	把智能控制面板模块和通用调光模块对应的组对象分别绑定相同的组地址； 通用调光模块组地址如下； 智能控制面板模块组地址如下：	能正确分配并绑定组地址

续表

序号	步骤	操作方法及说明	质量标准
5	下载调试	分别右击添加的模块,在弹出的菜单中选择"下载"→"完整下载",将参数及程序下载至各模块,并调试; 使用"完整下载"时要注意按下对应模块上的编程按键	能正确下载并调试系统

4. 学习结果评价

序号	评价内容	评价标准	评价结果
1	新建项目	1. 正确建立项目; 2. 根据实际需要设置"主干""拓扑"等参数	
2	添加设备	1. 能正确操作打开产品目录; 2. 正确查找订货号并搜索添加设备	
3	设置参数	1. 正确设置调光控制模块参数; 2. 正确设置智能控制面板参数	
4	分配组地址	1. 正确分配调光控制模块组地址; 2. 正确分配智能控制面板组地址	
5	下载调试	1. 能正确下载各模块参数程序; 2. 能正确调试系统	
6	实训结束设备整理	1. 正确关闭设备; 2. 实验台完全断电; 3. 整理实训台面呈初始状态	

5. 课后作业

对 0~10 V 调光模块和智能控制面板编程,实现以下功能:

① 智能控制面板的按键 1:对通用调光模块进行开关/调光控制;

② 智能控制面板的按键 2:设定 30% 的亮度值;

③ 智能控制面板的按键 3:设定 80% 的亮度值;

④ 调光组地址能开启但不能关断回路,亮度组地址既能开启又能关断回路。

2.3.5 能对调光控制模块进行高阶功能调试

一、核心概念

调光控制中常用的概念有调光曲线、调光时间和优先级控制等。

① 调光曲线:调光控制模块在接收到调光信号之后根据灯具类型及特性以预定的函数进行调光的输出,这个函数图像就是调光曲线。

② 调光时间:调光控制模块从接收到调光信号到灯具达到要求亮度所用的时间,反映了调光速度的快慢。

③ 优先级控制:不同的组对象接收到控制指令时拥有的不同控制权限等级。

二、学习目标

1. 掌握调光控制模块调光曲线的概念及修改方法;
2. 掌握调光控制模块调光时间的设置方法;
3. 掌握调光控制模块优先级控制和逻辑控制的设置方法;
4. 掌握调光控制模块强制功能的应用。

三、基本知识

1. 调光曲线

不同类型的灯具有不同的开启特性,调光控制模块在接收到调光信号之后根据灯具类型及特性以预定的函数进行调光的输出,可以更好地实现调光效果。一般可以把灯具的调光过程分为几个阶段,如图 2-42 所示,设置调光曲线就是设置不同调光阶段的时间参数以及阈值。

在通用调光模块和 0~10 V 调光模块的通道×通用设置(×:General)中可以修改基本调光曲线。通道 1 通用设置如图 2-43 所示。

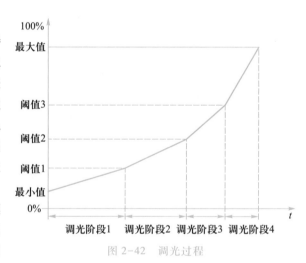

图 2-42　调光过程

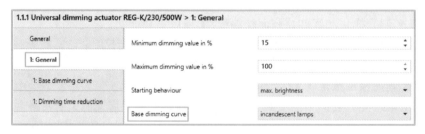

图 2-43　通道 1 通用设置(1:General)

通用调光模块中预设了白炽灯(incandescent lamps)和卤素灯(halogen lamps)两种标准调光曲线,以及自定义(can be altered)调光曲线,如图 2-44 所示。

0~10 V 调光模块中同样预设了荧光灯(Fluorescent lamps)和卤素灯两种标准调光曲线,

图 2-44 通用调光模块设置

以及自定义调光曲线，如图 2-45 所示。

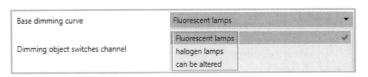

图 2-45 0~10 V 调光模块设置

如图 2-46 所示，可以在"1：Base dimming curve"选项里查看调光曲线参数，只有在通道×通用设置中将"Base dimming curve"选项设置为"can be altered"时才能修改调光曲线。

General		
1: General	1st threshold value in %	25
1: Base dimming curve	2nd threshold value in %	50
1: Dimming time reduction	3rd threshold value in %	75
	Time base of 1st dimming section	100 ms
	Time factor of 1st dimming section (1-255)	200
	Time base of 2nd dimming section	100 ms
	Time factor of 2nd dimming section (1-255)	180
	Time base of 3rd dimming section	100 ms
	Time factor of 3rd dimming section (1-255)	120
	Time base of 4th dimming section	100 ms
	Time factor of 4th dimming section (1-255)	50
	Dimming curve = Basic dimming curve x dimming time reduction	

图 2-46 查看及修改调光曲线参数

调光曲线各个阶段的时间为设定值与时间基准的乘积，调光总时间为各个调光阶段时间之和，如图 2-47 所示，两个预设调光曲线的总调光时间为 60 s。

2. 调光时间

调光时间反映了调光速度的快慢。在"1：Dimming time reduction"选项里可以修改不同组地址信号的调光时间。不同组地址信号的调光时间为：调光总时间与设定百分数的乘积。如图 2-48 所示，调光信号控制时的调光时间为总调光时间乘以 6%，即 60 s×6% = 3.6 s。

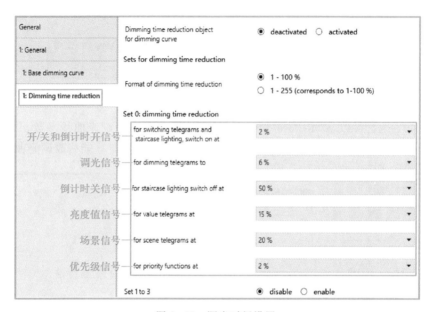

Base dimming curve	Incandescent lamps	In %	Halogen lamps	In %
1. Threshold value	23 s	25	33 s	25
2. Threshold value	18 s	50	15 s	50
3. Threshold value	12 s	75	8 s	75
Max. dimming value	7 s	100	4 s	100
Total time for base dimming curve	60 s	0~100	60 s	0~100

图 2-47　两个预设调光曲线的调光总时间

图 2-48　调光时间设置

3. 控制权限等级

在调光控制模块中控制权限等级跟开关控制模块一样存在优先级,控制权限优先级由高到低依次为 Relay state after bus voltage failure(总线失电压后继电器的状态)>Disable function(强制功能)>Logic operation or Priority control(逻辑操作或优先级控制)>Relay state after bus voltage recovery/ETS-download(总线恢复电压/ETS 下载后继电器的状态)>Switching, time, central and scene functions(开关、定时、群控和场景功能)。

4. 逻辑控制

调光控制模块参数设置中的优先级功能(Higher Priority function)如图 2-49 所示。

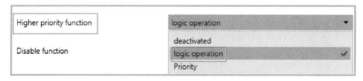

图 2-49　优先级功能

当选择"logic operation"(逻辑控制)选项时,参数设置里会出现:逻辑操作(Logic

operation）选项，可以选择“AND”或“OR”逻辑操作；逻辑组对象有效时的动作（Logic object effective）选项，可以选择“unchanged”或“invrted”；总线恢复电压或下载后逻辑组对象的值（Value of logic operation object after bus voltage recovery and download）选项和逻辑组对象为 1 时的亮度百分比（Brightness with logic object“1”in%）选项，如图 2-50 所示。

图 2-50 参数设置

当选择“Logic operation”功能时，在组对象里会出现“Logic object”（逻辑）组对象，如图 2-51 所示。

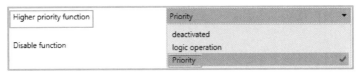

图 2-51 逻辑组对象

开关组对象与逻辑组对象经过设定的逻辑运算后控制继电器的输出状态，如图 2-52 所示。

开关组对象	逻辑组对象	继电器输出
0	0	0
0	1	1
1	0	1
1	1	1

(a) 或(OR)运算

开关组对象	逻辑组对象	继电器输出
0	0	0
0	1	0
1	0	0
1	1	1

(b) 与(AND)运算

图 2-52 逻辑运算

5. 优先级控制

调光控制模块参数设置中的优先级功能除了有逻辑控制选项外还有优先级控制（Priority）选项，如图 2-53 所示。

Higher priority function	Priority
Disable function	deactivated / logic operation / Priority

图 2-53 优先级控制选项

当选择"Priority"选项时,参数设置里会出现优先级控制参数设置项,可以对优先级功能开启时的状态、优先级功能开启时预设的亮度值百分比、优先级功能关闭时的状态、优先级功能结束时的状态和总线电压恢复时优先级的状态进行设置,如图 2-54 所示。

当选择"Priority"选项时,在组对象里会出现"Priority"(优先级)组对象,如图 2-55 所示,用于配合智能控制面板"2bit(priority control)"功能使用。

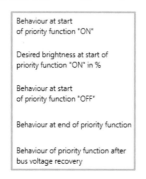

图 2-54　优先级控制参数设置项　　　　图 2-55　优先级组对象

优先级组对象数据长度为 2 bit,包括以下几种数据组合:

00 表示 no priority(无优先级);01 表示 no priority(无优先级);10 表示 OFF with priority(关闭优先级);11 表示 ON with priority(开启优先级)。

优先级控制的应用:可以用于一个信号锁定处于开启或关闭状态的功能,类似于机械开关的 0—Auto—1 三种状态;限制自动功能,例如,时间开关、亮度控制和运动探测器在某些情况下不可用;限制手动功能,例如,公共场所的入场时间或大型赛事活动进行时按钮不可用;关闭记忆功能,例如酒店钥匙卡开关。

6. 强制控制

强制功能有较高的控制权限,当打开强制功能时会出现"Locking object"(强制)组对象及其参数设置页面。在该页面可以设置组对象值为 0 或 1 时锁定;可以设置锁定开始时的动作、锁定结束时的动作和总线电压恢复时锁定的状态,如图 2-56 所示。

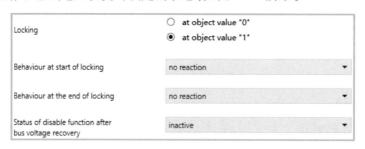

图 2-56　强制组对象参数设置

四、能力训练

1. 操作条件

① 环境指标要求:照度为 200～300 lx,温度为 15～35 ℃,相对湿度为 20%～90% RH(无凝

露),无导电性粉尘,无易燃、易爆及腐蚀性气体、液体,通风良好。

② 实验台要求:实验台稳固,台面清洁。

③ 工具类型:装配、调试所用的电工常用工具符合安装工作需要。

④ 操作系统的要求:PC 已安装可用的操作系统及 ETS5 软件,PC 与 KNX 系统的编程通信连接线匹配。

2. 安全及注意事项

① 熟悉本岗位安全操作规程,已进行实验室用电安全、工具使用安全教育。

② 人员安全防护装备齐整,符合安装现场要求。

③ 实训前,检查设备电源连接是否可靠,检查电源线是否完好,电源插头是否完整。

④ 使用计算机时按要求操作,不得随意更改设置,禁止随意删除文件及卸载软件。

⑤ 实训中应使用文明语言,遵守操作行为规范。

⑥ 爱护实训设备、设施和软件配置,不得动用与实训内容无关的仪器设备。

⑦ 实训结束后,清点工具,整理设备,打扫卫生。

3. 操作过程

操作 1:修改调光控制模块的调光运行时间。通过设置 switch 组地址调光时间百分比使灯具亮度由 0~100%变化所需时间为 0.6 s;通过设置 dimming 组地址调光时间百分比使灯具亮度由 0~100%变化所需时间为 3 s;通过设置 value 组地址调光时间百分比使灯具亮度由 0~100%变化所需时间为 1.8 s;通过设置 scene 组地址调光时间百分比使灯具亮度由 0~100%变化所需时间为 3 s。

步骤	操作方法及说明	质量标准
设置调光运行时间	1. 打开调光控制模块对应通道的"Dimming time reduction"参数设置项; 2. 修改对应组地址调光时间百分比	能正确设置调光时间

操作 2:逻辑控制应用——清扫模式。按下智能控制面板按键 1,通用调光模块通道 1 上的灯具开启,延时 5 s 关灯;按下智能控制面板按键 2,设置为清扫模式,即上述灯具常亮。

序号	步骤	操作方法及说明	质量标准
1	新建项目	1. 打开 ETS5 软件,单击新建项目按钮➕; 2. 在弹出的"创建新项目"对话框中修改"名称""主干""拓扑"以及"组地址格式"等设置 创建新项目 名称　新建项目 主干　TP 拓扑　✓ 创建支线 1.1　TP 组地址格式　○ 自由　○ 二级　◉ 三级 创建项目　取消C	能正确建立项目
2	在"拓扑"视图下添加设备	1. 在"拓扑"视图中右击"1.1 新建支线",在弹出的菜单中单击"添加设备"; 1 新建分区 1.1 新建支线 清除当前支线 ⬇ 下载 🔒 比较设备 🔒 打印标签 ▢ 添加设备　Ctrl键 + 移位 + A 或者在"拓扑"视图中单击"添加设备"按钮; 拓扑▾ ➕ 添加设备 ▸ ✖ 删除 ⬇ 下载 ▦ 拓扑骨架　▾ ▸ 📁 动态文件夹 ▴ ▦ 1 新建分区 1.1 新建支线 2. 在弹出的产品目录窗口找到需要的设备并双击即可完成添加; ▴ ▦ 1 新建分区 ▴ ⌊≡ 1.1 新建支线 ▸ ▮ 1.1.1 Push-button 4-gang plus w ▸ ▮ 1.1.2 Universal dimming actuator 添加设备时可以按照设备硬件上的订货号进行搜索,以提高效率	能正确查找并添加设备

续表

序号	步骤	操作方法及说明	质量标准
3	设置参数	 1. 通用调光模块参数设置： ① 在"General"选项下打开通道 1(Channel 1)； ② 在通道 1 的"1:General"选项中设置：延时功能(Delay times)为"enabled"，优先级功能(Higher priority function)为逻辑控制(logic operation)； ③ 在"1:Delay times"选项中设置为延时 5 s 关闭； ④ 在"1:Logic operation"选项中设置为"或"逻辑。 2. 智能控制面板参数设置： ① 根据实际硬件情况，在"General"选项下设置智能控制面板类型； ② 将按键 1 设置为按键功能(Toggle)；	能按要求正确设置各模块的参数

111

续表

序号	步骤	操作方法及说明	质量标准
3	设置参数	③ 将按键 2 设置为发送数值功能； ④ 在"Push-button2：（Object A）"选项中，将按键 2 设置为按下或松开时都发送 1 值	能按要求正确设置各模块的参数
4	分配组地址	把智能控制面板和通用调光模块对应的组对象分别绑定相同的组地址； 通用调光模块组地址如下； 智能控制面板组地址如下	能正确分配并绑定组地址
5	下载调试	分别右击添加的模块，在弹出的菜单中选择"下载"→"完整下载"，将参数及程序下载至各模块，并调试； 使用"完整下载"时要注意按下对应模块上的编程按键	能正确下载并调试系统

4. 学习结果评价

序号	评价内容	评价标准	评价结果
1	新建项目	1. 正确建立项目； 2. 根据需要设置"主干""拓扑"等参数	
2	添加设备	1. 能正确操作打开产品目录； 2. 正确查找订货号并搜索添加设备	
3	设置参数	1. 正确设置调光控制模块参数； 2. 正确设置智能控制面板参数	
4	分配组地址	1. 正确分配调光控制模块组地址； 2. 正确分配智能控制面板组地址	

序号	评价内容	评价标准	评价结果
5	下载调试	1. 能正确下载各模块参数程序； 2. 能正确调试系统	
6	实训结束设备整理	1. 正确关闭设备； 2. 实验台完全断电； 3. 整理实训台面呈初始状态	

5. 课后作业

① 请根据以下要求完成操作。

按下按键 1，调光控制模块上照明灯具强制开启，并无法控制。

按下按键 2，调光控制模块上所有照明灯具恢复之前的状态。

② 根据图 2-57 所示的信息，计算各个组地址信号的调光时间。

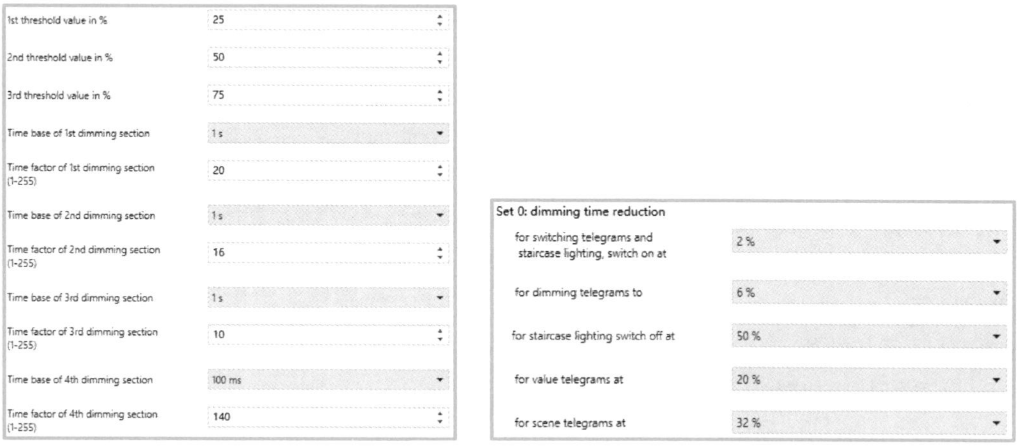

图 2-57　题②图

switch 组地址调光时间百分比使灯具亮度由 0~100% 变化所需时间为＿＿＿＿＿＿。

dimming 组地址调光时间百分比使灯具亮度由 0~100% 变化所需时间为＿＿＿＿＿。

value 组地址调光时间百分比使灯具亮度由 0~100% 变化所需时间为＿＿＿＿＿。

scene 组地址调光时间百分比使灯具亮度由 0~100% 变化所需时间为＿＿＿＿＿。

2.3.6　能对 KNX-DALI 网关模块进行功能调试

一、核心概念

① DALI 系统原理。DALI 调光是一种典型的数字控制调光方式。DALI 是专用的照明控制协议。DALI 系统适用于场景控制，具有光源故障状态反馈功能。DALI 系统赋予灯具新内涵，每个灯具具有独立地址，DALI 系统对光源和灯具没有要求，而要求镇流器、驱动器和其他

元件符合 DALI 标准,灯具的地址由它们体现。

② KNX 系统与 DALI 系统的通信。如果 KNX 系统的智能控制面板要对 DALI 系统的灯具进行控制,就需要一个转换网关——KNX-DALI 网关模块,把 KNX 的通信协议转换为 DALI 的通信协议。

③ 控制地址的建立。KNX 系统内的通信地址是 KNX 组地址,DALI 系统内的通信地址是 DALI 设备地址,这两种通信地址通过 KNX-DALI 网关模块建立起一对一的对应关系。

二、学习目标

1. 了解 DALI 系统;
2. 熟练掌握 DALI 灯具的接线;
3. 熟练掌握 KNX-DALI 网关模块;
4. 熟练掌握设备的程序下载和调试。

三、基本知识

1. 什么是 DALI 系统

DALI(Digital Addressable Lighting Interface,数字可寻址照明接口)是一种两线双向串行数字通信协议。DALI 系统是照明设备生产厂商为满足节能的需求,研究和开发出来的数字照明控制通信系统。DALI 通信协议的标准化,加速了群控、智能照明节能产品的推广和应用。作为照明接口的一个标准协议,DALI 以其灵活性和低价格一直受到业界照明设备生产厂商的青睐。目前市场上 DALI 设备生产厂商有飞利浦(PHILIPS)、锐高(TRIDONIC)和欧司朗(OSRAM)等。

2. DALI 系统结构

DALI 系统结构如图 2-58 所示。

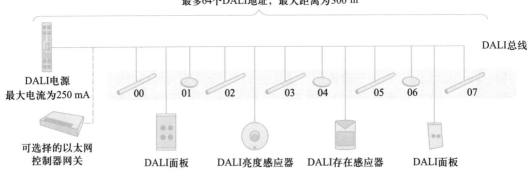

图 2-58　DALI 系统结构

DALI 总线是一根 5 芯电缆,如图 2-59 所示。它是在单根屏蔽线中加入电源线和 DALI 控制线所构成。通过 DALI 控制线完成照明装置的控制。在 DALI 控制器的控制下,可以使不同照明组中的不同照明光源达到同一照明亮度值,并且每盏灯的工作状态可以被返回控制电路,通过控制显示电路对每盏灯的工作状态加以显示。

安装 DALI 灯具只需两条主电源线和两条控制线,对线材无特殊要求,安装时也无极性要求,只要求主电源线与控制线隔离开,控制线无需屏蔽。

　　3. DALI 系统大小

　　DALI 标准规定一个 DALI 系统中的 DALI 设备最多有 64 个地址,DALI 电源电流最大为 250 mA。

　　一条 DALI 总线最多连接 64 个 DALI 设备或 250 mA 的系统总电流消耗(以两者中先达到的那个值为极限值)。当一个 DALI 系统需要稳定通信,就必须满足以上两个条件。

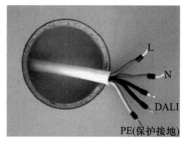

图 2-59　DALI 总线电缆

　　4. DALI 系统优势

　　① 安装方便,对线材无特殊要求,安装时也无极性要求;

　　② 可以选择独立单元(独立分组)或组(组分址)控制;

　　③ 通过广播寻址实现所有单元的分时和同时控制(内置初始化操作功能);

　　④ 数据结构简单,因此对电磁噪声不敏感;

　　⑤ 控制设备状态信息(灯故障等)报告,有三种报告方式:所有、通过组、通过单元;

　　⑥ 控制设备的自动搜索;

　　⑦ 智能镇流器,可实现灯丝预热、启动、调光、关闭以及故障查询;

　　⑧ 控制系统发送一个控制命令就可实现相关功能,或循环发送状态查询命令便可不断获取各镇流器控制的运行状态;

　　⑨ 无级调光,符合眼睛的感光度;

　　⑩ 系统可分配,每一个单元都包括独立地址、组分配、灯光场景值及衰减时间等数据;

　　⑪ 可以将灯具的运行极限值设为默认(如,可以设置节能最小值);

　　⑫ 衰减,可调整调光速度;

　　⑬ 可识别单元类型;

　　⑭ 可以选择紧急照明(指定镇流器和设置调光水平);

　　⑮ 不需要关断或开启总电源的外部继电器(由内部电器组件完成)。

　　5. KNX-DALI 网关

　　通过 KNX-DALI 网关,可实现 DALI 总线与 KNX 总线之间的相互通信,如图 2-60 所示。KNX 总线中的智能控制面板、移动感应器、光线感应器、触摸屏等可以发送指令控制 DALI 总线上的 DALI 设备。相应的,DALI 总线上的 DALI 设备执行 KNX 总线上传输过来的控制指令,并把相关参数(执行状态、故障反馈、运行参数)反馈给 KNX 系统。

　　四、能力训练

　　1. 操作条件

　　① 能对 KNX-DALI 网关进行手动操作;

　　② 能完成 DALI 灯具与 DALI 网关的安装接线,并对接线进行检查;

　　③ 能通过 ETS5 软件对 KNX-DALI 网关进行编程。

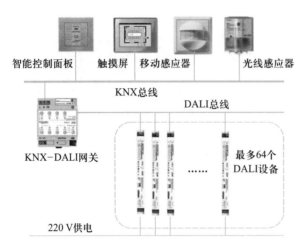

图 2-60　KNX-DALI 网关示意图

2. 安全及注意事项

① 遵守用电安全基本准则,通电时注意安全防护;

② 对完成的施工进行检查,确保设备安全后,才可通电。

3. 操作过程

任务说明:能通过智能控制面板的按键 1 对 DALI 灯具进行开关/调光控制。

序号	步骤	操作方法及说明	质量标准
1	安装 ETS5 软件的 DCA 插件	调试 KNX-DALI 网关需用到 ETS5 软件的 DCA(Device Control App)插件。注意,需插入软件密码狗。安装成功后 KNX-DALI 网关 ETS5 软件数据库的 DCA 就会显示可用 DCA 可以在施耐德电气官方网站或者 KNX 在线商城下载	成功安装 ETS5 软件的 DCA 插件

序号	步骤	操作方法及说明	质量标准
2	DALI 驱动配置 DCA	1. 在 KNX-DALI 网关的 ETS 程序里配置 DCA,填入 DALI 总线上按实际需求规划的 DALI 设备的信息(DALI 地址及 DALI 设备命名备注等); 2. 通过鼠标拖拽,把按实际需求规划命名的 DALI 设备进行分组; 3. 给分好组的设备命名	正确配置 DALI 驱动 DCA
3	设备同步	1. 单击"New installation"按钮,网关会自动搜索连接在 DALI 网关上的 DALI 设备,并在右侧的对话框显示出来; 2. 可以对搜索出来的 DALI 设备进行开灯和关灯控制,以供判断列表显示与实际 DALI 灯具的关系;	1. 实际 DALI 设备只能与一个之前已规划好的 DALI 设备进行匹配,不能与多个之前已规划好的 DALI 设备进行匹配,它们之间是一对一的关系; 2. 正确同步设备

续表

序号	步骤	操作方法及说明	质量标准
3	设备同步	3. 搜索出来的 DALI 设备与之前已规划好的 DALI 组进行匹配； 4. 把已配置好的 DALI 设备程序下载至 DALI 总线上的 DALI 设备中	1. 实际 DALI 设备只能与一个之前已规划好的 DALI 设备进行匹配，不能与多个之前已规划好的 DALI 设备进行匹配，它们之间是一对一的关系； 2. 正确同步设备
4	KNX 组地址与 DALI 组进行绑定	1. 在 ETS5 软件里编辑 KNX 组地址与之前分配好的 DALI 组进行匹配； 2. 向 KNX-DALI 网关下载编辑好的 ETS 程序	Switch 对 G1 组进行开关控制，Dimming 对 G1 组进行调光控制，Value 对 G1 组进行亮度控制。分别设置 switch 组地址为 2/1/1；Dimming 组地址为 2/1/2
5	添加智能控制面板数据库	搜索并添加智能控制面板数据库	正确添加智能控制面板数据库
6	将智能控制面板的按键设置为调光功能	1. 分别设置 switch 组地址为 2/1/1；Dimming 组地址为 2/1/2；	

续表

序号	步骤	操作方法及说明	质量标准
7		2.智能控制面板按键 1 能对 DALI 灯具进行控制:短按按键 1 开灯/关灯,长按按键 1 进行亮度调节; 3.通过右击所选模块,在弹出的菜单中选择"下载"→"完整下载",将参数及程序下载至各模块,并测试	能正确下载并调试系统

4.学习结果评价

序号	评价内容	评价标准	评价结果
1	DALI 灯具接线	完整、正确	
2	KNX-DALI 网关操作及接线	完整、正确	
3	DALI 网关 DCA 配置	完整、正确	
4	DALI 网关 ETS 配置	方法正确	
5	功能调试	达到控制要求	

5.课后作业

任务说明:DALI 灯具的故障反馈是 DALI 系统的特点之一,通过 ETS5 软件编程设置,完成 DALI 灯具故障反馈信息的上传。

2.4 窗帘控制功能设置

2.4.1 能熟悉电动窗帘控制模块

一、核心概念

1.智能控制面板发出的控制指令具有不同的长度;

2.智能控制面板和窗帘控制模块通过组地址的建立连接;

3.窗帘控制模块的参数设置针对不同控制对象(百叶帘、推拉式窗帘)会有所不同。

二、学习目标

1.了解窗帘的基本类型;

2. 了解窗帘控制模块基本参数和基础控制模式；

3. 通过智能控制面板实现简单控制功能。

三、基本知识

1. 窗帘控制模块

窗帘控制模块的型号及基本信息见表 2-5。

表 2-5　窗帘控制模块的型号及基本信息

型号	描述	模数
MTN649802	2 路 220 V 窗帘控制模块	4
MTN649704	4 路 220 V 卷帘控制模块	4
MTN649804	4 路 220 V 百叶帘控制模块	4
MTN649808	8 路 220 V 百叶帘控制模块	8
MTN649908	8 路百叶帘或 16 路 10 A 开关控制模块	8
MTN649912	12 路百叶帘或 24 路 10 A 开关控制模块	12
MTN648704	4 路 DC 24 V 百叶帘控制模块	4

2. 模块介绍

窗帘控制模块 MTN649802 如图 2-61 所示。它的基本特点：用于对两台百叶帘/卷帘驱动装置进行相互独立的控制；百叶帘信道的功能可任意配置；所有百叶帘输出端均可用按键进行手动操作；带内置总线耦合器；安装在 EN50022 DIN 导轨上；总线的连接通过一个总线连接端子完成，无须数据导轨数据条；通过 LED 指示灯显示信道的状态；绿色 LED 指示灯用来显示装置的操作准备就绪状态。

图 2-61　窗帘控制模块 MTN649802

3. KNX 软件功能

① 百叶帘功能。百叶帘可以调节高度、运行时间、暂停时间、逐步移动时间，具有多种联锁功能、气象警报功能。叶片定位功能、场景切换功能、手动/自动切换功能以及多种状态显示和反馈功能。

② 百叶帘输出参数。

额定电压：AC 220 V，50/60 Hz；

额定电流：10 A，$\cos \phi = 0.6$；

电动机负载：AC 220 V，最大 1 000 W；

装置宽度：4 模数（约 72 mm）。

四、能力训练

1. 操作条件

① ETS5 软件已安装；

② KNX 实训设备安装完好；

③ 施耐德电气 KNX 系统电源模块,智能控制面板 MTN628419,窗帘控制模块 MTN649802,通信模块 MTN681829;

④ 计算机一台,USB 数据下载线一根;

⑤ 工具准备:万用表,一字螺钉旋具。

2. 安全及注意事项

① 遵守用电安全基本准则,通电时注意安全防护;

② 对完成的施工进行检查,确保设备安全后,才可通电。

3. 操作过程

对窗帘控制模块进行编程,实现按下智能控制面板按键 1 时,开或暂停;按下按键 2 时关或暂停。

序号	步骤	操作方法及说明	质量标准
1	搜索并添加模块数据库	添加窗帘控制模块 MTN649802 和智能控制面板 MTN628419 的数据库	正确添加所需模块数据库
2	窗帘控制模块参数设置	由于外部使用的是推拉式窗帘,所以这里选择"Roller shutter"	正确选择外部窗帘形式
3	窗帘控制模块基本参数设置	根据外部窗帘形式选择合适的时间单位及时间	正确设置窗帘控制模块的基本参数

序号	步骤	操作方法及说明	质量标准
4	智能控制面板参数设置	根据题目要求按键 1、2 的功能均选择窗帘控制形式（Blind），按键 1 对应的窗帘运动方向选择"UP"，按键 2 选择"DOWN"	正确设置智能控制面板按键 1、2 的功能
5	组地址链接设置	创建组地址链接，实现控制要求	通过组地址实现控制要求
6	下载模块程序	右击要下载的模块数据库，在弹出的菜单中单击"下载"，首次下载需要继续选择"完整下载"，进行这些操作时需要按下相应模块的编程按键	完成模块程序的下载

4. 学习结果评价

序号	评价内容	评价标准	评价结果
1	安全防护措施及设备管理	1. 个人防护用品及安全措施完备； 2. 正确使用仪表进行通电前的测试； 3. 使用前检查设备,应完好、无损害； 4. 使用后进行整理,清扫	
2	任务分析及软件操作	1. 正确理解项目任务的内容、目标等； 2. 正确完成窗帘控制模块参数设置； 3. 正确完成智能控制面板参数设置； 4. 正确完成组地址创建； 5. 正确完成程序下载	
3	功能实现	1. 用智能控制面板按键1实现开窗帘的功能； 2. 用智能控制面板按键2实现关窗帘的功能； 3. 按要求保存编制的KNX程序	
4	施工完成后的恢复	1. 打扫场地设备； 2. 关闭设备电源	

5. 课后作业

任务说明:通过 ETS5 软件编程设置,使窗帘控制模块和智能控制面板实现以下功能:

① 按下按键4时,实现开窗帘的功能。

② 按下按键3时,实现关窗帘的功能。

③ 按下按键6时,实现窗帘开到70%的功能。

2.4.2 能对窗帘控制模块进行接线

一、核心概念

1. 装接电路应遵循"先主后控、从上到下、从左到右"的原则；

2. 布线时应注意走线工艺,要求:横平竖直,变换走向应垂直,避免交叉,多线集中并拢。布线时,严禁损伤线芯和导线绝缘；

3. 导线与接线端或接线桩连接时,应不压绝缘层及不反圈,露出线芯应较短,并做到同一电器元件、同一回路的不同节点的导线间距离保持一致。每个接线端接线不得超过两根导线,按钮的出线应最少；

4. 热继电器的整定电流必须按电动机的额定电流进行调整；

5. 电动机和按钮的金属外壳必须可靠接地。使用绝缘电阻表依次测量电动机绕组与外壳间及各绕组间的绝缘电阻值，检查绝缘电阻值是否符合要求；

6. 实训中要文明操作，注意用电安全，需要通电时，应在实训教师指导下进行。

二、学习目标

1. 了解双绞线的作用；

2. 能够读懂窗帘控制模块的接线原理图；

3. 能了解并掌握窗帘控制模块的正确接线方法；

4. 学会分析问题，能够对操作过程中出现的问题进行排查。

三、基本知识

1. 窗帘控制模块的接线

窗帘控制模块的接线如图 2-62 所示，最上方的两根导线组成双绞线，用于为各模块供电及通信。下方的 L、N、PE 分别是相线、零线、接地线。

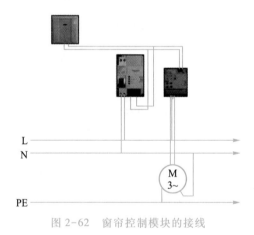

图 2-62　窗帘控制模块的接线

2. 电路的相关知识

电路是把电源、开关和用电器用导线连接起来组成的电流的路径。电路有三种状态，包括通路、断路和短路。

① 通路：处处连通的电路。

② 断路：断开的电路。

③ 短路：不经用电器而直接把电源两极连接起来的电路。

3. 电路图的主要特点

电路图是采用图形符号及文字符号按工作顺序（自上而下、自左而右）排列，表示电路、设备或装置的全部基本组成和连接关系的一种简图。电路图又可分为电气原理图和电气安装接线图。

4. 电气原理图

电气原理图的作用是表明电气设备的工作原理及作用关系，对电气技术人员分析电气电路、排除电路故障有重要作用。

5. 电气安装接线图

电气安装接线图的作用是显示发电机、变压器、母线、断路器、电力线路、电动机、用电器、线路之间的接线。

6. 识读电路图

① 结合电器元件的结构和电路工作原理识图。看电路图时应该搞清楚电器元件的结构、性能及其在电路中的作用、相互控制关系,才能搞清电路工作原理。

② 结合典型电路识图。一个复杂电路细分起来是由若干典型电路组成的,因此熟悉各种典型电路,能很快搞清电路的工作原理。

③ 分析电路时,通过识别图纸上所画的各种电器元件符号,以及它们之间的连接方式,就可以了解电路的实际工作情况。

四、能力训练

1. 操作条件

① 智能控制面板 MTN628419、系统电源模块 MTN684032、窗帘控制模块 MTN649802、窗帘电动机、双绞线;

② 螺钉旋具、万用表、剥线钳、压线钳以及安全防护穿戴工具。

2. 安全及注意事项

① 遵守用电安全基本准则;

② 操作时注意安全;

③ 接线时要注意露铜现象;

④ 对完成的施工进行检查,确保正确以后才可通电;

⑤ 通电注意安全防护。

3. 操作过程

① 根据设备控制要求,完成窗帘控制电气原理图的绘制;

② 根据实际的安装,完成窗帘控制电气安装接线图的绘制;

③ 根据电气安装接线图完成线路的安装接线,并注意安装工艺;

④ 通电测试,并完成手动调试。

4. 学习结果评价

评价内容	评价标准	评价结果
窗帘控制模块的接线	1. 正确绘制电路图	
	2. 正确接线	
	3. 分析总结	

5. 课后作业

查找资料,绘制不同窗帘控制模块的电路图并对电路进行分析。

2.4.3　能对窗帘控制模块进行基础功能调试

一、核心概念

1. 窗帘控制模块通道的意义以及通道的开启；

2. 开关窗帘与开到指定位置控制指令的数据长度分别为 1 bit 和 1 Byte；

3. 智能控制面板组地址的数据长度与窗帘控制模块组地址的数据长度要相匹配。

二、学习目标

1. 学习并了解窗帘的分类；

2. 了解各种类型窗帘的工作原理及功能；

3. 熟练掌握各种窗帘控制类型的参数设置。

三、基本知识

窗帘的类型一般有百叶帘和推拉式窗帘两种。

1. 百叶帘（blind）

百叶帘可分为手动百叶帘和电动百叶帘。现在常用的是电动百叶帘。注：百叶帘不是百叶窗，百叶窗为窗户的一种，百叶帘为窗帘的一种。

电动百叶帘是使用很广泛的一种窗帘，经常被用于办公场所，以其简洁明快而深受欢迎。电动百叶帘通过使用直流电动机带动帘片升降代替手动百叶帘手拉的传动方式，具有突破性的创新，使其在操作过程中更加简便和随心所欲。由铝材、木材或 PVC 等制作而成的帘片具有自动翻转功能，能够更加精确地调节室内的自然采光程度，根据室内用户的需要来调节光线的射入，实现最好的视觉舒适度。电动百叶帘可以有效地阻隔紫外线及阳光直射，防止"温室效应"的产生，因而有利于整个楼宇的保温隔热，有利于节能。

电动百叶帘的驱动系统由一个电动机、卷绳器及一个机械式限位器组成，这些组件均安装在 C 形不锈钢托架内，最终与帘片组装成一套电动百叶帘成品。组装好的百叶帘系统将按设计要求安装于双层玻璃幕墙或吊顶内。百叶帘系统的控制方式可采用普通线控开关控制、无线遥控控制、定时控制、风雨光控制以及楼宇集成控制等，也可以兼容并接入其他的 BMS（建筑设备管理）系统，适用于办公大楼、会议室、体育场及家庭住宅等场所。

电动百叶帘外观整洁明快，安装及拆卸简单，适用范围广泛，具有优越的遮阳效果及遮蔽效果，可按需要调整光线，是控制光线及保护隐私的最佳选择。电动百叶帘如图 2-63 所示。

2. 推拉式窗帘（Roller shutter）

如图 2-64 所示为推拉式窗帘，也是日常生活中最常见的一种窗帘。它是使屏风式折叠的软性帘布以折叠的形式伸展、收回的折叠帘。因其特有的折叠造型，使遮阳和反射太阳光的面积比其他窗帘大 1/3，具有良好的遮阳效果和隔音效果。其适用场所包括家居、写字楼、会议室及商业楼宇。

图 2-63　电动百叶帘

图 2-64　推拉式窗帘

四、能力训练

1. 操作条件

① ETS5 软件；

② 施耐德电气 KNX 系统电源模块，智能控制面板 MTN628419，窗帘控制模块 MTN649802，通信模块 MTN681829；

③ 计算机，USB 数据下载线，百叶帘，推拉式窗帘，螺钉旋具，220 V 电源。

2. 安全及注意事项

① 遵守用电安全基本准则，通电时注意安全防护；

② 对完成的施工进行检查，确保设备安全后，才可通电。

3. 操作过程

对窗帘控制模块进行编程，实现：

① 智能控制面板按键 1 的功能是切换控制百叶帘；

② 智能控制面板按键 2 的功能是切换控制推拉式窗帘；

③ 智能控制面板按键 3 的功能是使百叶帘高度下降到 80%，窗帘角度百分比为 50%；

④ 智能控制面板按键 4 的功能是使推拉式窗帘开到 50%。

注：此示例需使用窗帘控制模块 MTN644802 的两个通道，默认通道 1 为百叶帘，通道 2 为推拉式窗帘。

序号	步骤	操作方法及说明	质量标准
1	搜索并添加模块数据库	添加窗帘控制模块 MTN649802 和智能控制面板 MTN628419 的数据库	正确添加所需模块数据库

续表

序号	步骤	操作方法及说明	质量标准
2	窗帘控制模块通道 1 参数设置	由于通道 1 对应的是百叶帘,所以这里选择"Blind"选项 	正确选择通道 1 对应的外部窗帘形式
3	窗帘控制模块通道 1 基本参数设置	根据外接百叶帘的参数,设置合适的运动时间,因为控制对象为百叶帘,所以"时间单位"的设置不变,设置为 100 ms;而"运动时长"的设置,需要根据百叶帘完全打开或关闭的实际时间来设置 	正确设置百叶帘的时间单位及运行时间长度
4	窗帘控制模块通道 2 参数设置	通道 2 选择"Roller shutter"选项	正确选择通道 2 对应的外部窗帘形式
5	智能控制面板参数设置	根据题目要求,按键 1~4 均选择窗帘控制形式(Blind),其中按键 1、2 对应的窗帘运动方向均选择"UP and DOWN"; 按键 3 和 4 选择"with positional values",值的形式为百分比形式,由于按键 3 控制百叶帘,所以根据题目要求选择窗帘高度百分比为 80%,窗帘角度百分比为 50%;按键 4 控制推拉式窗帘,不存在扇叶角度,所以只需要选择窗帘高度百分比为 50% 	正确设置智能控制面板参数

续表

序号	步骤	操作方法及说明	质量标准
6	组地址链接设置	按以下图例创建组地址链接,实现控制要求 *(图片)*	通过组地址实现控制要求
7	下载模块程序	右击要下载的模块数据库,在弹出的菜单中选择"下载",首次下载需要继续选择"完整下载",进行这些操作时需要按下相应模块的编程按键 *(图片)*	完成模块程序的下载

4. 学习结果评价

序号	评价内容	评价标准	评价结果
1	安全防护措施及设备管理	1. 个人防护用品及安全措施完备; 2. 正确使用仪表进行通电前的测试; 3. 使用前检查设备,应完好、无损害; 4. 使用后进行整理、清扫	
2	任务分析及软件操作	1. 正确理解项目任务的内容、目标等; 2. 正确完成窗帘控制模块参数设置; 3. 正确完成智能控制面板参数设置; 4. 正确完成组地址创建; 5. 正确完成程序下载	

序号	评价内容	评价标准	评价结果
3	功能实现	1. 用智能控制面板按键 1 实现对百叶帘的升降控制； 2. 用智能控制面板按键 2 实现对推拉式窗帘的开闭控制； 3. 用智能控制面板按键 3 实现百叶帘高度开到 80%，扇叶角度开到 50%； 4. 用智能控制面板按键 4 实现推拉式窗帘开到 50%； 5. 按要求保存编制的 KNX 程序	
4	施工完成后的恢复	1. 打扫场地设备； 2. 关闭设备电源	

5. 课后作业

任务说明：通过 ETS5 软件编程设置，使窗帘控制模块和智能控制面板实现以下功能：

① 按下按键 3，可同时实现对两种窗帘的开关控制。

② 按下按键 5，百叶帘高度开到 30%，窗帘角度百分比为 80%。

③ 按下按键 7，推拉式窗帘开到 70%。

2.4.4　能对窗帘控制模块进行高阶功能调试

一、核心概念

1. 预置功能

预置功能意为调用和执行相应用户先前设置好的方案来完成某种功能。在窗帘控制模块中，此功能可以让用户通过开启/关闭预置功能来调用用户已经设定好的窗帘高度百分比和角度百分比，换句话说，也就是通过 1 bit 长度的简单开关控制来调用窗帘具体的模式，当然也可以用其他的方式来实现相同功能，但会复杂很多。

例如要实现的功能为按键 1 与按键 2 都使窗帘高度下降到 50%，角度为 70%，如果按照常规方法设置，需要把按键 1、按键 2 逐一设置百分比值，这样会显得很烦琐，这时若使用预置功能的话，只需要把按键 1、按键 2 设为 1 bit 控制形式，然后进入预置功能设置页面，把其中需要的预置模式设置到要求的百分比值（预置功能默认分成两组，每组有两个模式，1 和 2 为一组，3 和 4 为一组，其中 1 和 3 是当接收到值 0 时开启，2 和 4 则为接收到值 1 时开启），再把按键 1 与按键 2 和所设置的那一组通过组地址进行链接就能实现相应功能。若控制对象更多，可按照相同方法处理。

2. 百叶帘的智能拓展功能

① 百叶帘也可以由外部传感器控制。

② 风的测定。保护百叶帘免受狂风袭击。

③ 雨水控制。如果检测到下雨,百叶帘自动关闭。

④ 强光。如果光线太亮,可降低百叶帘以提高舒适度。

⑤ 黑暗。夜幕降临时百叶帘自动关闭,增强安全性。

⑥ 时间开关。通过在设定的时间系统地打开/关闭来提高舒适度和安全性。

二、学习目标

1. 学习并了解窗帘控制模块的智能拓展功能。

2. 能熟练掌握窗帘控制模块的预置功能参数设置。

3. 能灵活运用百叶帘的板条控制功能。

三、基本知识

百叶帘的板条控制类型 1~类型 4 及其说明如图 2-65~图 2-68 所示。

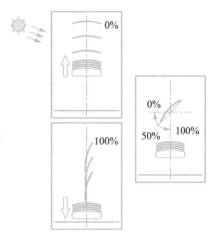

● 向上运动:板条水平打开
0%板条位置

● 向下运动:板条向下关闭
100%板条位置

● 可能的调节范围
0%~100%

● 作为软件功能的操作位置

● 运动后的板条位置,没有机械停止位置
预设50%(可配置)时,对应于45°的板条开口

图 2-65 类型 1 及其说明

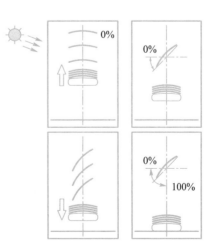

● 向上运动:板条水平打开
0%板条位置

● 向下运动:板条向下倾斜
例如50%板条位置=机械确定的工作位置

● 可能的调节范围
当百叶帘不在下端位置时,0%到工作位置
当百叶帘处于下端位置时,0%~100%

● 操作位置——机械设置
预设50%(可配置)时,对应于45°的板条开口

图 2-66 类型 2 及其说明

●向上运动:板条向上闭合
0%板条位置
●向下运动:板条向下关闭
100%板条位置
●可能的调节范围
0%~100%
●操作位置——软件功能
●运动后的操作位置,没有机械停止位置
预设75%(可配置)时,对应于45°的板条开口

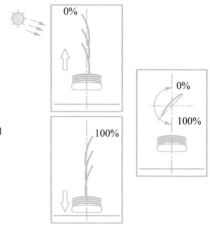

图 2-67　类型 3 及其说明

●向上运动:板条向上闭合
0%板条位置
●向下运动:板条向下倾斜
例如75%板条位置=机械确定的工作位置
●可能的调节范围
当百叶帘不在下端位置时,0%到工作位置
当百叶帘处于下端位置时,0%~100%
●操作位置——机械设置
预设75%(可配置)时,对应于45°的板条开口

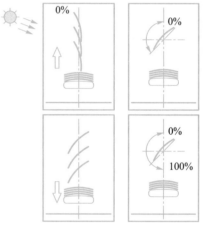

图 2-68　类型 4 及其说明

四、能力训练

1. 操作条件

① ETS5 软件;

② 施耐德电气 KNX 系统电源模块,智能控制面板 MTN628419,窗帘控制模块 MTN649802,通信模块 MTN681829;

③ 计算机,USB 数据下载线,电动百叶帘,螺钉旋具,220 V 电源。

2. 安全及注意事项

① 遵守用电安全基本准则,通电时注意安全防护;

② 对完成的施工进行检查,确保设备安全后,才可通电。

3. 操作过程

对窗帘控制模块进行编程,实现:

① 按键 1:控制百叶帘上升;按键 2:控制百叶帘下降。

② 按键 3:百叶帘控制(百叶帘打开 80%;角度调整为 50%)。

③ 按键 4:锁定百叶帘动作,开启百叶帘的限制模式(在该模式下,控制百叶帘上升或下降,百叶帘最少为 30%不动作,最多为 80%不动作);

序号	步骤	操作方法及说明	质量标准
1	搜索并添加模块数据库	搜索并添加窗帘模块 MTN649802 和智能控制面板 MTN628419 的数据库	正确添加所需模块数据库
2	窗帘控制模块参数设置	由于所需的是百叶帘,所以这里选择"Blind"选项	正确选择对应的外部窗帘形式
3	百叶帘的基本参数设置	首先设置百叶帘的运行时间及时间长度单位,然后进入"Blind"界面,单击"Automatic controls/Presets"(自动控制/预置),选择"Presets"(预置)选项,单击"Movement range limits"(移动范围限制),选择"enables"	正确开启百叶帘的预置和限制功能
4	锁定设置	"Manual locking"(手动锁定)启动后,在组地址通信栏里给相应的对象绑定组地址	输入为 1 时,执行锁定

续表

序号	步骤	操作方法及说明	质量标准
5	限制功能详细设置	设置百叶帘的极限运动范围	正确设置百叶帘的极限运动范围
6	智能控制面板参数设置	根据题目要求，按键 1~4 均选择窗帘控制形式（Blind），其中按键 1、2 对应的窗帘运动方向均选择"UP and DOWN"； 按键 3 和 4 选择"with positional values"，值的形式为百分比形式，由于按键 3 控制百叶帘，所以根据题目要求选择窗帘高度百分比为 80%，窗帘角度百分比为 50%；按键 4 控制推拉式窗帘，不存在扇叶角度，所以只需要选择窗帘高度百分比为 50%	正确设置智能控制面板参数
7	组地址链接	创建组地址链接，实现控制要求	通过组地址实现控制要求

续表

序号	步骤	操作方法及说明	质量标准
8	下载模块程序	右击要下载的数据库模块,在弹出的菜单中选择"下载",首次下载需要继续选择"完整下载",进行这些操作时需要按下相应模块的编程按键 	完成模块程序的下载

4. 学习结果评价

序号	评价内容	评价标准	评价结果
1	安全防护措施及设备管理	1. 个人防护用品及安全措施完备; 2. 正确使用仪表进行通电前的测试; 3. 使用前检查设备,应完好、无损害; 4. 使用后进行整理,清扫	
2	任务分析及软件操作	1. 正确理解项目任务的内容、目标等; 2. 正确完成窗帘控制模块参数设置; 3. 正确完成智能控制面板参数设置; 4. 正确完成组地址创建; 5. 正确完成程序下载	
3	功能实现	1. 用智能控制面板按键 1 实现控制百叶帘的预置功能; 2. 用智能控制面板按键 2 实现开启百叶帘的限制模式; 3. 按要求保存编制的 KNX 程序	
4	施工完成后的恢复	1. 打扫场地设备; 2. 关闭设备电源	

5. 课后作业

任务说明:通过 ETS5 软件编程设置,使窗帘控制模块和智能控制面板实现以下功能:

① 按下按键 1,可开启百叶帘的限制模式(在该模式下控制百叶帘上升或下降时,百叶帘只在 20%~60%之间动作)。

　　② 按下按键 5,实现对百叶帘的预置功能控制(按下该按键后窗帘高度下降至 60%,角度为 30%)。

　　③ 按下按键 3,实现对百叶帘的预置功能控制(按下该按键后窗帘高度上升至 20%,角度为 50%)。

　　④ 按下按键 4,关闭限制模式并使窗帘上升至顶部。

第3章
KNX智能照明综合功能调试

3.1　场景功能实现

3.1.1　能在智能控制面板中设置场景

一、核心概念

1. 场景地址的含义：通过场景地址的设置，可以在实际应用中精确切换到需要的场景模式；

2. 场景控制对象输出类型包括开关量和模拟量；

3. 场景调用方式有两种，一种方式是通过智能控制面板进行调用，另一种方式是通过功能模块进行调用。

二、学习目标

1. 掌握 KNX 智能照明系统智能控制面板调用场景（智能控制面板里的场景）应用方案的项目任务；

2. 熟练掌握智能控制面板的参数设置；

3. 熟练掌握场景组地址的创建；

4. 熟练掌握智能控制面板与输出模块组地址的创建；

5. 能使用 ETS5 软件进行配置组态、编程及调试。

三、基本知识

智能控制面板的参数及功能见表 3-1。

表 3-1　智能控制面板的参数及功能

序号	参数	功能
1	Toggle	开关
2	Switch	转换

续表

序号	参数	功能
3	Dimming	调光(单键/双键)
4	Blind	百叶帘(单键/双键)
5	Edges 1 bit, 2 bit(priority), 4 bit, 1-byte	脉冲发送出 1、2、4 或 8 bit 控制信号(瞬时/延时操作区分功能)
6	Edges with 2-byte values	2 byte 控制信号脉冲(瞬时/延时操作区分功能)
7	8-bit linear regulator	8 bit 推移式调节器
8	Scene	场景调用、场景储存

四、能力训练

1. 操作条件

① 实训室条件要求:

- 照度为 200~300 lx,温度为 15~35 ℃,相对湿度为 20%~90%RH(无凝露),无导电性粉尘,无易燃、易爆及腐蚀性气体、液体,通风良好;
- 实验台稳固,台面清洁;
- 装配人员安全防护装备齐整,符合安装现场要求;
- 装配、调试所用工具类型符合安装工作需要;
- PC 已安装 ETS5 软件,PC 与 KNX 系统的编程通信连接线匹配。

② 实训操作人员的技术要求:

- 实训操作人员经过 KNX 智能照明系统基础理论知识学习;
- 具有基础电气装配能力;
- 具备 PC 基本操作能力。

③ 实训操作人员的职业素养:

- 认真专注;
- 有序工作,遵章守职;
- 团队协作,展示交流;
- 钻研业务,提升专业技能。

2. 安全及注意事项

① 严格遵守安全操作规程、施工现场管理规定;

② 遵守用电安全基本准则,通电时注意安全防护,保证人员安全;

③ 对完成的施工进行检查,正确使用电工工具及仪表,确保设备安全后,才可通电,保证设备安全;

④ 施工完成,清点工具,整理设备,打扫场地。

3. 操作过程

任务说明:在智能控制面板里设置场景,实现表 3-2 所示场景功能。

表 3-2 场 景 功 能

	灯泡 1	灯泡 2	灯泡 3	荧光灯
按键 1	On	Off	80%	20%
按键 2	Off	Off	0%	0%
按键 3	Off	On	20%	80%

① 创建项目,添加设备。

序号	步骤	操作方法及说明	质量标准
1	新建项目	打开 ETS5 软件,单击"新建项目"按钮	正确新建项目
2	设置项目	1. 在"名称"中可以输入项目的名称,比如设置该项目名称为"面板场景"; 2. "主干"选择"IP"或"TP"; 3. "拓扑"保持"TP"不变; 4. "组地址格式"选择"三级"; 5. 单击"创建项目"按钮	正确设置项目

续表

序号	步骤	操作方法及说明	质量标准
3	选择"拓扑"结构	1. 单击"创建项目"按钮后系统会弹出如图所示界面； 2. 单击"建筑"按钮,在下拉菜单中选择"拓扑"	正确选择"拓扑"结构
4	打开"拓扑"窗口	选择后将打开"拓扑"窗口	正确打开"拓扑"窗口
5	新建支线	在"1 新建分区"内新建支线"1.1 新建支线"	正确新建支线
6	设置支线属性	在"属性"对话框中对支线属性进行自定义设置	正确设置支线属性

序号	步骤	操作方法及说明	质量标准
7	构建硬件配置方案	KNX 系统总线设备型号： 开关控制模块：MTN649202； 通用调光模块：MTN649350； 0~10V 调光模块：MTN647091； 智能控制面板：MTN628419； 系统电源模块：MTN684032； 线路耦合器：MTN680204； 通信模块：MTN681829	设备型号正确无误。接线原理图正确。安装成套无误。加电，手动测试正常
8	在支线中添加设备	1. 右击"1.1 新建支线"； 2. 在弹出的菜单中单击"添加设备"	正确操作
9	打开"产品目录"窗口	1. 单击"添加设备"后，系统会弹出"产品目录"窗口； 2. 单击"导入"按钮，选择需要的产品的数据库	正确操作
10	搜索智能控制面板数据库	1. 智能控制面板订货号为"MTN628419"； 2. 输入 6284，查找智能控制面板，后两位用来区分颜色，不用输入	正确操作

续表

序号	步骤	操作方法及说明	质量标准
11	添加所有设备	依次添加开关控制模块、通用调光模块、0~10V 调光模块	正确添加设备
12	设备添加成功	单击"1.1 新建支线"前面的三角标,会出现所有已添加的设备	添加成功
13	添加设备描述	对设备名称、物理地址、描述进行设置	正确添加设备描述

② 智能控制面板参数设置。

序号	步骤	操作方法及说明	质量标准
1	选择智能控制面板型号	这里选择"4-gang IR"	正确选择所需设备型号

序号	步骤	操作方法及说明	质量标准
2	按键 1 场景功能选择	将按键1"Scene"功能打开	正确选择按键 1 场景功能
3	按键 1 场景地址参数设置	1. 选择"Scene"功能； 2. 设置按键 1 场景的地址为 0 (可在 0 ~ 63 之间随机选择)	正确设置按键 1 场景地址参数
4	按键 2 场景地址参数设置	1. 选择"Scene"功能； 2. 设置按键 2 场景的地址为 1 (可在 0 ~ 63 之间随机选择)	正确设置按键 2 场景地址参数
5	按键 3 场景地址参数设置	1. 选择"Scene"功能； 2. 设置按键 3 场景的地址为 2 (可在 0 ~ 63 之间随机选择)	正确设置按键 3 场景地址参数

续表

序号	步骤	操作方法及说明	质量标准
6	场景模块（Scene module）设置	1. 打开"场景模块"设置功能； 2. 设置两个驱动器动作的时间间隔 	正确设置场景模块
7	场景执行器组状态	1. 场景执行器组状态设置有四种模式； 2. 根据控制对象选择相应的模式 	正确认识场景执行器组状态
8	场景执行器组状态设置	1. 组 1 设置为开关控制（Switch object）； 2. 组 2 设置为开关控制（Switch object）； 3. 组 3 设置为调光控制（Value object）； 4. 组 4 设置为调光控制（Value object） 	正确设置场景执行器组状态
9	场景 1 地址设置	设置场景 1 的地址为 0，与按键 1 场景调用地址一致 	正确设置场景 1 地址

续表

序号	步骤	操作方法及说明	质量标准
10	场景 1 的状态值设置	设置场景 1 的状态值	正确设置场景 1 的状态值
11	场景 2 地址设置	设置场景 2 的地址为 1,与按键 2 场景调用地址一致	正确设置场景 2 地址
12	场景 2 的状态值设置	设置场景 2 的状态值	正确设置场景 2 的状态值
13	场景 3 地址设置	设置场景 3 的地址为 2,与按键 3 场景调用地址一致	正确设置场景 3 地址

续表

序号	步骤	操作方法及说明	质量标准
14	场景 3 的状态值设置	设置场景 3 的状态值	正确设置场景 3 的状态值

③ 组地址的创建与链接。

序号	步骤	操作方法及说明	质量标准
1	创建场景功能的组地址	1. 在组对象里新建场景功能（Scene function）的组地址为"3/1/1"； 2. 组对象的数据长度为"1 byte"	正确创建场景功能的组地址
2	按键场景地址创建	1. 分别与三个按键进行组地址链接； 2. 组地址均为"3/1/1"	正确创建按键场景地址
3	创建场景驱动器组（Actuator group）组地址	1. 创建"Actuator group 1"组地址为"3/2/1"，数据长度为 1 bit； 2. 创建"Actuator group 2"组地址为"3/2/2"，数据长度为 1 bit； 3. 创建"Actuator group 3"组地址为"3/3/1"，数据长度为 1 byte； 4. 创建"Actuator group 4"组地址为"3/4/1"，数据长度为 1 byte	正确创建场景驱动器组地址

续表

序号	步骤	操作方法及说明	质量标准
4	与开关控制模块的组地址链接	1. 开关控制模块通道 1 链接组地址为"3/2/1"； 2. 开关控制模块通道 2 链接组地址为"3/2/2"	正确链接开关控制模块的组地址
5	与通用调光模块组地址链接	1. 打开通用调光模块的通道 1 功能； 2. 通用调光模块的"Value object"链接组地址为"3/3/1"	正确链接通用调光模块组地址
6	与 0~10 V 调光模块组地址链接	1. 打开 0~10 V 调光模块的通道 1 功能； 2. 0~10 V 调光模块的"Value object"链接组地址为"3/4/1"	正确链接 0~10 V 调光模块组地址

续表

序号	步骤	操作方法及说明	质量标准
7	检查所有组地址链接状态	检查所有模块组地址链接是否正确,是否有遗漏	所有模块组地址链接应正确

④ 下载调试应用程序。

序号	步骤	操作方法及说明	质量标准
1	下载应用程序	1. 分别下载模块物理地址; 2. 分别下载应用程序	正确下载应用程序
2	调试	通电检查设备电源、模块工作是否正常,检查功能是否符合控制要求	调试成功

⑤ 效果展示。

序号	步骤	操作方法及说明	质量标准
1	按键1调用场景1	按按键1	符合场景1要求
2	按键2调用场景2	按按键2	符合场景2要求
3	按键3调用场景3	按按键3	符合场景3要求

续表

序号	步骤	操作方法及说明	质量标准
4	实训结束，整理设备		整理、清洁

4. 学习结果评价

序号	评价内容	评价标准	评价结果
1	项目任务	正确理解项目任务的内容、目标等	
2	任务分析	1. 场景设置参数理解正确； 2. 场景控制方式调用合理	
3	实训环境	1. 实验室照明、配电符合条件； 2. 智能照明实验台整齐； 3. 安装工具符合要求； 4. 着装及安全防护措施符合要求	
4	硬件配置方案	1. 控制系统资料信息充分； 2. 资料的研读正确； 3. 调光控制模块的选择合理； 4. 系统配置正确； 5. 系统装置安装按时完成； 6. 系统装置的安装正确	
5	工具软件创建系统	1. 正确启动 ETS5 软件； 2. 正确创建产品数据库； 3. 正确导入产品数据库； 4. 正确创建一个新项目； 5. 正确设计项目	
6	应用程序	1. 正确完成控制通道配置； 2. 正确下载程序； 3. 正确完成全面控制性能调试	
7	实训结束设备整理	1. 实验台完全断电； 2. 整理实训台面成初始状态	

5. 课后作业

① KNX 系统的传输介质是什么？

② KNX 系统的网络拓扑结构是什么？

③ 智能控制面板里可以设置几个场景？每个场景里可以控制几个对象？

3.1.2　能在各控制模块中设置场景

一、核心概念

1. 各控制模块中的场景功能

能够激活各控制模块的场景，并把任务需求分配到不同的控制模块中，在同一个场景下设置相应参数。

2. 智能控制面板的场景功能

能在智能控制面板中激活场景功能，并能够设置相对应的场景编号，再发送出去。

3. 从智能控制面板调用存储于控制模块的场景

在各控制模块设置相应参数并存放到场景中，用智能控制面板对应按键发送对应的场景编号，完成调用场景。

二、学习目标

1. 能在各控制模块中打开场景功能；

2. 能根据任务需求在不同场景中设置对应参数；

3. 能通过智能控制面板调用设置好的场景。

三、基本知识

① 场景功能的激活：从各模块参数设置中激活场景功能，选择对应场景下需要的具体参数；

② 组地址的注意事项：对应按键和对应的控制模块的组地址要一致，数据长度均为 1 byte；

③ 场景编号的注意事项：对应按键和对应的控制模块的场景编号要一致。

四、能力训练

1. 操作条件

KNX 智能照明系统、PC、ETS5 软件、通信线。

2. 安全及注意事项

① 线路连接处不要裸露。

② 注意总线线缆安装不要接成环形拓扑结构。

3. 操作过程

序号	步骤	操作方法及说明	质量标准
1	打开 ETS5 软件,添加所需控制模块	1. 打开 ETS5 软件; 2. 新建项目,添加所需设备; ▲ 1 新建分区 　▲ 1.1 新建支线 　　▷ 1.1.1 Switch actuator REG-K/2x230/10 with... 　　▷ 1.1.2 Blind actuator REG-K/2x/10 with manu... 　　▷ 1.1.3 Control unit 0-10 V REG-K/1f with man... 　　▷ 1.1.4 Universal dimming actuator REG-K/23... 　　▷ 1.1.5 Push-button 4-gang plus with IR 3. 物理地址下载 活动的　　　历史 清除历史 1.1.5 Push-button 4-gang plus with IR 　▶ 下载(物理地址): 已完成 1.1.4 Universal dimming actuator REG-K/230/500W 　▶ 下载(物理地址): 已完成 1.1.3 Control unit 0-10 V REG-K/1f with manual mode 　▶ 下载(物理地址): 已完成 1.1.2 Blind actuator REG-K/2x/10 with manual mode 　▶ 下载(物理地址): 已完成 1.1.1 Switch actuator REG-K/2x230/10 with manual mode 　▶ 下载(物理地址): 已完成	模块添加完毕,组态无错误,物理地址全部下载成功
2	设置 2 路 10 A 开关控制模块的场景	1. 单击 2 路 10 A 开关控制模块对应设备,选择下方"参数"选项卡;"General"(通用参数)栏的"Scenes ingeneral"选择"enabled"(激活场景)功能,在组对象一栏中出现"Scene object"(场景对象);	参数设置无错误,场景绑定的组地址和智能控制面板对应按键一致

151

续表

序号	步骤	操作方法及说明	质量标准
2	设置 2 路 10A 开关控制模块的场景	2. 进入通道 1(Channel1)选项,"Scenes"参数选择"enabled"(激活场景)功能,系统将出现"Channel:Scenes"(通道 1:场景)选项; 3. 在"Channel:Scenes"选项中,选中"Scene 1"栏的"enabled"选项激活场景 1,出现场景地址和继电器状态选项,继电器状态选"pressed"(按下); 4. 在组对象"Scene object"中绑定所需要对应的组地址,例如"1/1/1",完成本模块的一个场景设置	参数设置无错误,场景绑定的组地址和智能控制面板对应按键一致
3	设置 2 路 220 V 百叶帘控制模块	1. 与 2 路 10 A 开关控制模块一样,单击 2 路 220 V 百叶帘控制模块的对应设备,选择下方"参数"选项卡;"General"(通用参数)栏的"Scenes"选择"enabled"(激活场景)功能,在组对象一栏中出现"Scene object"(场景对象); 2. 在"1:Blind"中激活场景功能,系统将出现"1:Scenes"(通道 1:场景)选项;	参数设置无错误,场景绑定的组地址和智能控制面板对应按键一致

序号	步骤	操作方法及说明	质量标准
3	设置 2 路 220 V 百叶帘控制模块	 3. 在"1:Scenes"（通道 1:场景）选项中,选中"Scence 1"栏中的"enabled"激活场景 1,板条位置先设置为 50%,其他为默认; 4. 与 2 路 10 A 开关控制模块一样,在组对象"Scene object"（场景对象）中绑定所需要对应的组地址,例如"1/1/1",完成本模块的一个场景设置 	参数设置无错误,场景绑定的组地址和智能控制面板对应按键一致
4	设置 0 ~ 10V 调光模块	1. 与 2 路 10A 开关控制模块一样,单击 0 ~ 10 V 调光模块对应设备,选择下方"参数"选项卡;"General"（通用参数）栏的"Scenes"选择"enabled"（激活场景）功能,在组对象一栏中将出现"Scene object"（场景对象）; 2. 在"1:General"激活场景功能,系统将出现"1:Scenes"（通道 1:场景）选项;	参数设置无错误,场景绑定的组地址和智能控制面板对应按键一致

153

续表

序号	步骤	操作方法及说明	质量标准
4	设置 0~10V 调光模块	（见图示内容） 3. 在"1:Scenes"（通道 1:场景）选项中,单击"Scene 1"栏中的"activated"激活场景 1,系统出现下列选项: （见图示内容） 亮度值为最大亮度的百分比,先设置为 15,场景编号为默认值 0; 4. 与 2 路 10 A 开关控制模块一样,在组对象"Scene object"（场景对象）中绑定所需要对应的组地址,例如"1/1/1",完成本模块的一个场景的设置 （见图示内容）	参数设置无错误,场景绑定的组地址和智能控制面板对应按键一致
5	设置通用调光模块	1. 单击通用调光模块对应设备,选择下方"参数"选项卡;"General"（通用参数）栏的"Channel1"（通道 1）参数选择"enabled",激活通道 1,出现通道 1 对应选项;"Scenes"选择"enabled"（激活场景）功能,在组对象一栏中将出现"Scene object"（场景对象）;	参数设置无错误,场景绑定的组地址和智能控制面板对应按键一致

序号	步骤	操作方法及说明	质量标准
5	设置通用调光模块	2. 在"1:General"中将出现"1:Scenes"（通道1:场景）选项； 3. 在"1:Scenes"（通道1:场景）选项中，选中"Scene 1"栏的"activated"激活场景1，系统将出现下列选项： 亮度值为最大亮度的百分比，先设置为15，场景编号为默认值0；	参数设置无错误，场景绑定的组地址和智能控制面板对应按键一致

序号	步骤	操作方法及说明	质量标准
5	设置通用调光模块	4. 与 2 路 10 A 开关控制模块一样,在组对象"Scene object"(场景对象)中绑定所需要对应的组地址,例如"1/1/1",完成本模块的一个场景设置 	参数设置无错误,场景绑定的组地址和智能控制面板对应按键一致
6	设置智能控制面板	1. 单击智能控制面板的对应设备,选择下方"参数"选项卡;然后在"Push-button 1"(按键 1)参数选项中,单击"Selection of function"(选择功能)下拉菜单,选择"Scene"(场景功能); 2. 系统出现下列选项:先设置为默认参数 0,此时按下按键 1 时为调用场景 0; 3. 在组对象一栏的"Push-button 1"上绑定组地址"1/1/1",完成本模块的一个场景设置; 	参数设置无错误

续表

序号	步骤	操作方法及说明	质量标准
7	下载程序	把程序下载到对应模块当中 1.1.5 Push-button 4-gang plus with IR ▶ 下载(Appl.): 已完成 1.1.4 Universal dimming actuator REG... ▶ 下载(Appl.): 已完成 1.1.3 Control unit 0-10 V REG-K/1f wit... ▶ 下载(Appl.): 已完成 1.1.2 Blind actuator REG-K/2x/10 with... ▶ 下载(Appl.): 已完成 1.1.1 Switch actuator REG-K/2x230/1... ▶ 下载(Appl.): 已完成	全部下载提示已完成,无报错
8	调用场景0	按下智能控制面板按键1	白炽灯1亮,白炽灯2亮15%,荧光灯亮15%,窗帘拉到中间50%位置

4. 学习结果评价

序号	评价内容	评价标准	评价结果
1	2路10 A开关控制模块的场景设置	按下按键1后,灯是否亮起	
2	2路220 V百叶帘控制模块的场景设置	按下按键1后,窗帘是否开到50%位置	
3	0~10 V调光模块的场景设置	按下按键1后,荧光灯亮度是否为15%	
4	通用调光模块的场景设置	按下按键1后,白炽灯亮度是否为15%	
5	智能控制面板的场景调用	按下按键1是否调用了其他控制模块的场景,完成对应功能	

5. 课后作业

设计一个场景,并把所设置的场景信息填入图3-1中,然后编写程序并下载,观察具体现象和自己的设计是否相符。

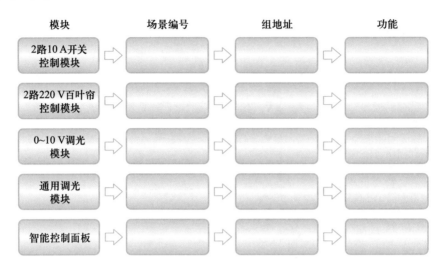

模块	场景编号	组地址	功能
2路10 A开关控制模块			
2路220 V百叶帘控制模块			
0~10 V调光模块			
通用调光模块			
智能控制面板			

图 3-1　题图

3.1.3　能通过单个按键调用多个场景

一、核心概念

1. 在控制模块中设置多个场景:能把不同的任务需求通过分类,统一到不同的场景,并在控制模块中进行设置。

2. 单个按键发送不同的值:能在智能控制面板中,通过设置使单个按键每次按下时所发送的值不同。

3. 单个按键调用多个场景:首先在控制模块设置完成多个场景,然后通过智能控制面板单个按键发送不同的与场景编号一一对应的值,完成调用多个场景。

二、学习目标

1. 能在各控制模块中打开场景功能;

2. 能根据任务需求在两个不同场景中设置对应参数;

3. 能通过智能控制面板单个按键发送两个不同的值;

4. 能通过单个按键调用两个不同场景。

三、基本知识

1. 控制模块的场景功能:能够给控制模块设置多个场景,从控制模块的参数页面激活场景功能,设置两个不同的场景。

2. 智能控制面板按键的切换功能:能够用单个按键发送两个值,设置按键的切换功能,数据长度改为 1 byte(0 ~255),设置两个不同的值。

3. 组地址的绑定:对应功能组地址应一致,为所使用的智能控制面板按键建立一个组地址并绑定,让其余相关控制模块的场景对象所绑定的组地址与此地址一致,使按键和相应控制模块关联到一起。

四、能力训练

1. 操作条件

KNX 智能照明系统、PC、ETS5 软件、通信线。

2. 安全及注意事项

① 线路连接处不能裸露。

② 总线线缆安装不能接成环形拓扑结构。

3. 操作过程

序号	步骤	操作方法及说明	质量标准
1	打开 ETS5 软件,添加所需的控制模块	1. 打开 ETS5 软件; 2. 新建项目,添加所需设备; ▲ 🔲 1 新建分区 　▲ 🔲 1.1 新建支线 　　▷ 🔲 1.1.1 Switch actuator REG-K/2x230/10 with... 　　▷ 🔲 1.1.2 Blind actuator REG-K/2x/10 with manu... 　　▷ 🔲 1.1.3 Control unit 0-10 V REG-K/1f with man... 　　▷ 🔲 1.1.4 Universal dimming actuator REG-K/23... 　　▷ 🔲 1.1.5 Push-button 4-gang plus with IR 3. 物理地址下载 | 活动的	历史 | 🗑 清除历史 ● 1.1.5 Push-button 4-gang plus with IR 　▷ 下载(物理地址): 已完成 ● 1.1.4 Universal dimming actuator REG-K/230/500W 　▷ 下载(物理地址): 已完成 ● 1.1.3 Control unit 0-10 V REG-K/1f with manual mode 　▷ 下载(物理地址): 已完成 ● 1.1.2 Blind actuator REG-K/2x/10 with manual mode 　▷ 下载(物理地址): 已完成 ● 1.1.1 Switch actuator REG-K/2x230/10 with manual mode 　▷ 下载(物理地址): 已完成	模块添加完毕,组态无错误,物理地址全部下载成功
2	设置 2 路 10 A 开关控制模块的场景	1. 单击 2 路 10 A 开关控制模块对应设备,选择下方"参数"选项卡;"General"(通用参数)栏的"Scenes"选择"enabled"(激活场景)功能,在组对象一栏中出现"Scene object"(场景对象);	参数设置无错误,场景绑定的组地址和智能控制面板对应按键一致

续表

序号	步骤	操作方法及说明	质量标准
2	设置 2 路 10 A 开关控制模块的场景	 2. 进入"Channel1"选项，"Scenes"参数选择"enabled"，系统将出现"Channel:Scenes"选项； 3. 在"Channel:Scenes"选项中，选中"Scene 1"和"Scene 2"栏的"enabled"选项，激活场景 1 和场景 2，系统将出现场景地址和继电器状态选项；场景 1 的地址为 1，继电器状态选"pressed"选项；场景 2 的地址为 2，继电器状态为默认选项； 4. 在组对象"Scene object"中绑定所需要对应的组地址，例如"1/1/1"，完成本模块的两个场景设置 	参数设置无错误，场景绑定的组地址和智能控制面板对应按键一致

续表

序号	步骤	操作方法及说明	质量标准
3	设置 2 路 220 V 百叶帘控制模块	1. 与 2 路 10 A 开关控制模块一样,单击 2 路 220 V 百叶帘控制模块对应设备,选择下方"参数"选项卡;"General"栏的"Scenes"选择"enabled",在组对象一栏中将出现"Scene object"; *[图示：1.1.2 Blind actuator REG-K/2x/10 with manual mode > General 参数设置界面]* 2. 在"1:Blind"中激活场景功能,系统将出现"1:Scenes"选项; *[图示：1.1.2 Blind actuator REG-K/2x/10 with manual mode > 1:Blind 参数设置界面]* 3. 在"1:Scenes"选项中,选中"Scene 1"和"Scene 2"栏中的"enabled";场景 1:场景编号设置为 1,其他为 0;场景 2:场景编号设为 2,高度位置设为 0,板条位置设为 100; *[图示：1.1.2 Blind actuator REG-K/2x/10 with manual mode > 1:Scenes 参数设置界面]*	参数设置无错误,场景绑定的组地址和智能控制面板对应按键一致

序号	步骤	操作方法及说明	质量标准
3	设置 2 路 220 V 百叶帘控制模块	4. 与 2 路 10A 开关控制模块一样,在组对象"Scene object"中绑定所需要对应的组地址,例如"1/1/1",完成本模块的两个场景设置	参数设置无错误,场景绑定的组地址和智能控制面板对应按键一致
4	设置 0~10 V 调光模块	1. 与 2 路 10A 开关控制模块一样,单击 0~10 V 调光模块对应设备,选择下方"参数"选项卡;"General"栏的"Scenes"选择"enabled",在组对象一栏中将出现"Scene object"; 2. 在"1: General"将出现"1: Scenes"选项; 3. 在"1: Scenes"选项中,选中"Scene 1"和"Scene 2"栏的"activated",出现下列选项: 场景 1:场景编号设为 1,亮度值设为 100;场景 2:场景编号设为 2,亮度值设为 0;	参数设置无错误,场景绑定的组地址和智能控制面板对应按键一致

序号	步骤	操作方法及说明	质量标准
4	设置 0~10 V 调光模块	4. 与 2 路 10A 开关控制模块一样,在组对象"Scene object"中绑定所需要对应的组地址,例如"1/1/1",完成本模块的两个场景设置 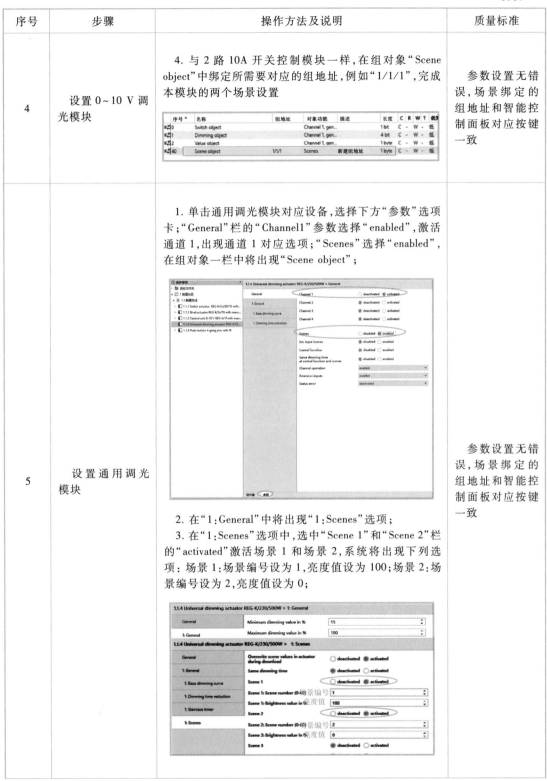	参数设置无错误,场景绑定的组地址和智能控制面板对应按键一致
5	设置通用调光模块	1. 单击通用调光模块对应设备,选择下方"参数"选项卡;"General"栏的"Channel1"参数选择"enabled",激活通道 1,出现通道 1 对应选项;"Scenes"选择"enabled",在组对象一栏中将出现"Scene object"; 2. 在"1:General"中将出现"1:Scenes"选项; 3. 在"1:Scenes"选项中,选中"Scene 1"和"Scene 2"栏的"activated"激活场景 1 和场景 2,系统将出现下列选项:场景1:场景编号设为 1,亮度值设为 100;场景2:场景编号设为 2,亮度值设为 0;	参数设置无错误,场景绑定的组地址和智能控制面板对应按键一致

续表

序号	步骤	操作方法及说明	质量标准
5	设置通用调光模块	4. 与 2 路 10 A 开关控制模块一样,在组对象"Scene object"中绑定所需要对应的组地址,例如"1/1/1",完成本模块的两个场景设置 序号 ▲ 名称 / 组地址 / 对象功能 / 描述 / 长度 0　Switch object　Channel 1, gen...　1 bit 1　Dimming object　Channel 1, gen...　4 bit 2　Value object　Channel 1, gen...　1 byte 5　Staircase timer object　Channel 1, stair...　1 bit 40　Scene object　1/1/1　Scenes　新建组地址　1 byte	参数设置无错误,场景绑定的组地址和智能控制面板对应按键一致
6	设置智能控制面板	1. 单击智能控制面板对应设备,选择下方"参数"选项卡;"Push-button 1"选项组中,单击"Selection of function"下拉菜单,选择默认的"Toggle"(切换功能);在"Object A"(对象 A)栏数据长度选择"1byte continuous(0~255); 1.1.5 Push-button 4-gang plus with IR > Push-button 1 General Push-button info　Selection of function 场景功能　Toggle Push-button 1　Number of objects　● one ○ two Push-button 2　Triggering of status LED　from switch/value object A Push-button 3　Object A　1 bit Push-button 4　　1 byte in steps 0% - 100% 　　1 byte continuous 0 - 255 2. 系统将出现下列选项: 1.1.5 Push-button 4-gang plus with IR > Push-button 1 General Push-button info　Selection of function　Toggle Push-button 1　Number of objects　● one ○ two Push-button 2　Triggering of status LED　from switch/value object A 　Object A　1 byte continuous 0 - 255 　Value 1 值1　1 　Value 2 值2　2 设置"值 1"为 1,"值 2"为 2; 3. 在组对象一栏"Push-button 1"上绑定组地址"1/1/1",完成本模块的按键 1 设置 序号 / 名称 / 对象功能 / 描述 / 组地址 / 长度 0　Object A　Push-button 1　新建组地址　1/1/1　1 byte 6　Switch object A　Auxiliary push-button　1 bit 3　Switch object A　Push-button 2　1 bit	参数设置无错误,场景绑定的组地址和智能控制面板对应按键一致

序号	步骤	操作方法及说明	质量标准
7	下载程序	把程序下载到对应模块当中 1.1.5 Push-button 4-gang plus with IR ▶ 下载(Appl.):已完成 1.1.4 Universal dimming actuator REG... ▶ 下载(Appl.):已完成 1.1.3 Control unit 0-10 V REG-K/1f wit... ▶ 下载(Appl.):已完成 1.1.2 Blind actuator REG-K/2x/10 with... ▶ 下载(Appl.):已完成 1.1.1 Switch actuator REG-K/2x230/1... ▶ 下载(Appl.):已完成	全部下载提示已完成,无报错
8	调用场景1	第一次按下智能控制面板按键1	白炽灯1亮,白炽灯2亮100%,荧光灯亮100%,窗帘拉到闭合位置
9	调用场景2	再次按下智能控制面板按键1	白炽灯、荧光灯全灭,窗帘拉到0%位置

4. 学习结果评价

序号	评价内容	评价标准	评价结果
1	2路10 A开关控制模块的场景设置	场景1:接通;场景2:关闭,观察现象是否一致	
2	2路220 V百叶帘控制模块的场景设置	场景1:0%位置;场景2:100%位置,观察现象是否一致	
3	0~10 V调光模块的场景设置	场景1:100%亮度;场景2:关闭,观察现象是否一致	
4	通用调光模块的场景设置	场景1:100%亮度;场景2:关闭,观察现象是否一致	
5	智能控制面板的场景调用	第一次按下对应智能控制面板按键1可调用其他控制模块的场景1,再次按下按键1可调用其他控制模块的场景2,依次循环,观察现象是否一致	

5. 课后作业

设计两个场景,并把所设置的场景具体信息填入图3-2所示表格中,然后编写程序并下载,观察具体现象是否与自己设计相符。

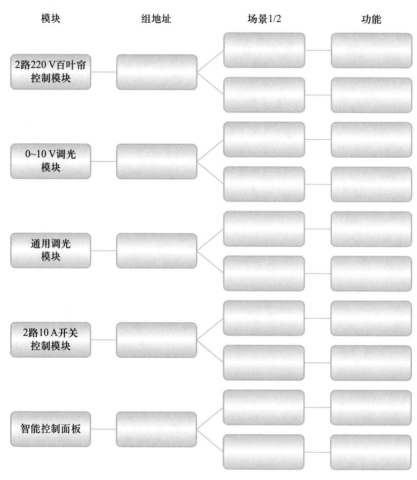

图 3-2　课后作业图

3.2　感应控制功能设置

3.2.1　能熟悉红外感应器的参数和功能

一、核心概念

1. ARGUS 存在感应器控制模块指的是在智能照明系统中能通过总线通信方式进行软件编程的红外感应器。不仅有 5 个存在/移动感应区块(通道),而且还能实现亮度感应、照度感应;

2. ARGUS 存在感应器控制模块的探测角度指感应器的探测范围;

3. ARGUS 存在感应器控制模块的照度感应是指感应器的一种触发方式,根据照度参数进行控制;

4. ARGUS 存在感应器控制模块的灵敏度:输出量的增量与输入量的增量之比定义为灵敏度。灵敏度越高,则感应器精度越高。

二、学习目标

1. 能通过产品说明书查询到 ARGUS 存在感应器的基本参数;
2. 会操作 ARGUS 存在感应器的硬件安装。

三、基本知识

1. ARGUS 存在感应器的安装。

序号	安装方式	安装参数
1	吸顶安装	1. 探测角度:360°; 2. 移动感应数量:4(6308×× 和 6309×× 可以独立调节); 3. 最大范围(2.5 m 安装高度):半径 7 m; 4. 探测区域:136 分区,544 簇; 5. 照度感应:可通过 ETS5 软件在 10~2 000 lx 范围内调节; 6. 红外通道(6309××):10 个 KNX 控制指令
2	墙面安装	1. 探测角度:180°; 2. 移动感应数量:2(独立调节); 3. 最大范围(2.2 m 墙面安装):左/右 8 m,前方 12 m; 4. 探测区域:48 m; 5. 照度感应:可通过 ETS5 软件在 10~2000 lx 范围内调节,也可通过旋钮调节; 6. 时间:可以手动设置 1~7.5 min 的延时时间或者通过 ETS5 软件设置 1 s~255 h 的延时时间; 7. 范围:10%~100%(通过 ETS5 软件或者旋钮调节)

2. ARGUS 存在感应器的接线方法。

ARGUS 存在感应器需要接双绞线用以供电和通信,拆下 ARGUS 存在感应器接线端子,剥开双绞线绝缘层,将其插入接线端子。注意:一定在断电情况下操作,红色线为正极,黑色线为负极,端子颜色有红、黑两种颜色与之对应,接线时需注意正负极。ARGUS 存在感应器的接线端子如图 3-3 所示。

图 3-3 ARGUS 存在感应器的接线端子

合上施耐德电气 KNX 试验台上电源总开关,按下 ARGUS 存在感应器的编程按键,红灯亮起,表示连接成功。

四、能力训练

1. 操作条件

KNX 智能照明系统、PC、ETS5 软件、通信线。

2. 安全及注意事项

施耐德电气 KNX 实验台的工作电源为 220 V,在操作过程中注意应单手操作,并且穿上绝缘鞋。

3. 操作过程

序号	步骤	操作方法及说明	质量标准
1	合上 KNX 实验台电源总开关	观察底部	ARGUS 存在感应器的接线如图所示
2	按下编程按键	观察底部	ARGUS 存在感应器的指示灯如图所示

4. 学习结果评价

序号	评价内容	评价标准	评价结果
1	能在产品面板上找到 ARGUS 存在感应器的产品序列号	能准确读出产品序列号	
2	会手动操作 ARGUS 存在感应器的编程按键	1. 会手动操作编程按键的开关; 2. 了解编程按键的作用	

5. 课后作业

在 ETS5 软件中创建一个新项目,项目名称为"红外控制"。添加支线,地址为 1.1.1,在支线中添加 ARGUS 存在感应器。

3.2.2 能熟悉红外移动感应器的基础功能调试

一、核心概念

1. 红外移动感应器的最低感应范围:红外移动感应器可以探测人体的位移,人静止不动是探测不到的(如睡着状态),但如果是在 1 m 范围之内不管人体有没有动都可以感应到人体;

2. 红外移动感应器灵敏度的调试:将红外移动感应器安装完后,调试红外移动感应器是最后必须要做的工作。红外移动感应器的调试方法有步测法,就是调试人员在警戒区内以 S 形的线路走动来感知警戒范围的长度和宽度。

二、学习目标

1. 熟悉运用 ETS5 软件创建项目,修改项目名称、物理地址及描述;

2. 了解红外移动感应器各个参数的意义;

3. 熟练掌握红外移动感应器的发送值功能,1 bit,1 byte,2 byte 相对应的单位长度;

4. 熟练掌握红外移动感应器参数的设置、组地址的绑定方法。

三、基本内容

1. 特点
① 5 个存在/移动感应区块(通道);
② 亮度感应:内部、外部或者混合;
③ 照度感应:实际照度值测量。

2. 每个区块特点
① 普通、主/从、监视模式;
② 锁定功能;
③ 输出控制方式与照度相关;
④ 亮度门限值通过软件设定变更;
⑤ 灵敏度以及探测范围可以选择,每个感应器具有 A /B /C /D 四个区(吸顶安装)或者 A /B 两个区(墙面安装);
⑥ 死区时间(感应器从探测到信号到做出处理动作之间的时间)可调;
⑦ 控制信号的发送(在探测到移动时/延时时间过后);
⑧ 提供 4 项输出数值 (1 bit,2 bit,1 byte,2 byte objects);
⑨ 延时时间通过软件设定调节。

四、能力训练

1. 操作条件
① KNX 系统实训室条件要求:

- 照度为 200~300 lx,温度为 15~35 ℃,相对湿度为 20%~90%RH(无凝露),无导电性粉尘,无易燃、易爆及腐蚀性气体、液体,通风良好;
  - 实验台稳固,台面清洁;
  - 装配人员安全防护装备齐整,符合安装现场要求;
  - 装配、调试所用工具类型符合安装工作需求;
  - PC 已安装 ETS5 软件,PC 与 KNX 系统的编程通信连接线匹配。
  ② 实训操作人员的技术要求:
  - 实训操作人员经过 KNX 智能照明系统基础理论知识学习;
  - 具有基础电气装配能力;
  - 具备 PC 基本操作能力。
  ③ 实训操作人员的职业素养:
  - 认真专注;
  - 有序工作,遵章守职;
  - 团队协作,展示交流;
  - 钻研业务,提升专业技能。

2. 安全及注意事项
① 严格遵守安全操作规程、施工现场管理规定;
② 遵守用电安全基本准则,通电时注意安全防护,保证人员安全;
③ 对完成的施工进行检查,确保设备安全后,才可通电,保证设备安全;
④ 施工完成,清点工具,整理设备,打扫场地。

3. 操作过程
任务说明:对红外移动感应器进行编程,实现人来开灯,通用调光模块控制灯具开启 80% 亮度,人走后延时 5 s,通用调光模块控制灯具开启 20% 亮度。
① 红外移动感应器、通用调光模块的参数、组地址设置。

序号	步骤	操作方法及说明	质量标准
1	进入红外移动感应器的参数设置界面	在"1.1 新建支线"下添加红外移动感应器和通用调光模块,显示状态变成蓝色后,单击"参数"按钮,进入参数设置界面 单击"参数"按钮	正确进入参数设置界面

序号	步骤	操作方法及说明	质量标准
2	修改红外移动感应器发送值的数据大小	1. 选择发送数据长度为 1 byte(0%~100%); 2. 根据控制要求修改人来时灯具开启 80% 亮度; 3. 根据控制要求修改人走后灯具开启 20% 亮度	正确修改红外移动感应器发送值
3	修改红外移动感应器的延时参数	1. 根据任务要求修改时间单位; 2. 根据任务要求修改延时时间	正确设置红外移动感应器的延时参数
4	绑定红外移动感应器的组地址	1. 右击"Value object1"; 2. 在弹出的菜单中选择"链接与…"; 3. 在弹出的对话框中选择"新建",创建组地址链接; 4. 组地址链接格式为"×/×/×"	正确绑定红外移动感应器的组地址

序号	步骤	操作方法及说明	质量标准
4	绑定红外移动感应器的组地址	选择新建输入组地址	正确绑定红外移动感应器的组地址
5	通用调光模块的参数设置	1. 选择通用调光模块； 2. 单击"参数"按钮,进入参数设置界面 第一步 第二步:单击"参数"按钮	正确设置通用调光模块参数
6	开启通道 1	开启通道 1 第一步:开启通道1	正确开启通道 1
7	修改通用调光模块的组地址链接	1. 在"与组地址链接"对话框中选择"现存的"; 2. 选择"…"; 第一步:选择"现存的"　第二步:选择"…"	正确设置通用调光模块的组地址链接

序号	步骤	操作方法及说明	质量标准
7	修改通用调光模块的组地址链接	3. 选择已创建的组地址,要求与红外移动感应器的组地址相同 选择与通用调光相对应的地址	正确设置通用调光模块的组地址链接
8	检查组地址绑定是否有误	检查组地址绑定 通用调光模块与红外移动感应器的组地址相同	红外移动感应器与通用调光组地址应相同

② 下载调试应用程序。

序号	步骤	操作方法及说明	质量标准
1	下载应用程序	分别下载红外移动感应器和通用调光模块应用程序	成功下载应用程序
2	调试	通电检查设备电源、模块工作是否正常	设备可以正常工作

4. 学习结果评价

序号	评价内容	评价标准	评价结果
1	项目任务	正确理解项目任务的内容、目标等	
2	任务分析	1. 场景设置参数理解正确； 2. 场景控制方式调用合理	
3	实训环境	1. 实训室照明、配电符合条件； 2. 智能照明实验台整齐； 3. 安装工具符合要求； 4. 着装及安全防护装备符合要求	
4	硬件配置方案	1. 控制系统资料信息充足； 2. 资料的研读正确； 3. 调光控制模块的选择合理； 4. 系统配置正确； 5. 系统装置的安装按时完成； 6. 系统装置的安装集成正确	
5	工具软件创建系统	1. 正确启动 ETS5 软件； 2. 正确创建产品数据库； 3. 正确导入产品数据； 4. 正确创建一个新项目； 5. 正确完成项目设计	
6	应用程序	1. 正确完成控制通道配置； 2. 正确下载程序； 3. 正确进行控制性能调试	
7	实训结束设备整理	1. 实验台完全断电； 2. 整理实训台面,恢复初始状态	

5. 课后作业

① 对红外移动感应器进行编程实现:人来开灯:开关的一个回路;人走关灯:延时 5 s。

② 对红外移动感应器进行编程实现:人来窗帘全开;人走窗帘关闭 50%。

3.2.3　能熟悉红外移动感应器的高阶功能调试

一、核心概念

1. 红外移动感应器主动模式和从动模式的区别:主动模式按照默认值执行;从动模式按照用户设置的模式执行。

2. 照度联动和移动联动的区别:照度联动指当光照发生变化时,将其与设定值进行比较,根据运算结果,发送输出信号,控制负载。移动联动指红外移动感应器在探测范围内检测是否有物体移动,并根据运算结果发送输出信号,控制负载。

二、学习目标

1. 掌握主从设置的方法；
2. 正确绑定组地址。

三、基本内容

1. 正确使用 ETS5 软件创建项目，添加设备。
2. 正确修改红外移动感应器(180)和红外移动感应器(360)的相关参数。

四、能力训练

1. 操作条件
① 实训室条件要求：
● 照度为 200～300 lx，温度为 15～35 ℃，相对湿度为 20%～90%RH(无凝露)，无导电性粉尘，无易燃、易爆及腐蚀性气体、液体，通风良好；
● 实验台稳固，台面清洁；
● 装配人员安全防护装备齐整，符合安装现场要求；
● 装配、调试所用工具类型符合安装工作需要；
● PC 已安装 ETS5 软件，PC 与 KNX 系统的编程通信连接线匹配。
② 实训操作人员的技术要求：
● 实训操作人员经过 KNX 智能照明系统基础理论知识学习；
● 具有基础电气装配能力；
● 具备 PC 基本操作能力。
③ 实训操作人员的职业素养：
● 认真专注；
● 有序工作，遵章守职；
● 团队协作，展示交流；
● 钻研业务，提升专业技能。

2. 安全及注意事项
① 严格遵守安全操作规程、施工现场管理规定；
② 遵守用电安全基本准则，通电时注意安全防护，保证人员安全；
③ 对完成的施工进行检查，确保设备连接无误后，才可通电，保证设备和人员安全；
④ 施工完成，清点工具，整理设备，打扫场地。

3. 操作过程
任务说明：学校图书馆阅览室的空间比较大，单个红外移动感应器覆盖不到，需要安装 2 个红外移动感应器来控制一盏灯的开关：红外移动感应器(180)为主控制器，红外移动感应器(360)为辅控制器。
① 红外移动感应器(180)和红外移动感应器(360)的参数及组地址设置。

序号	步骤	操作方法及说明	质量标准
1	进入红外移动感应器(180)的参数设置界面	在"1.1 新建支线"下添加红外移动感应器,选中红外移动感应器(180),显示状态变成蓝色后,单击"参数"按钮,进入参数设置界面	成功进入参数设置界面
2	进行操作模式设置	选择区块 1 通用(Block 1 general)设置,进入操作模式复选框,根据控制要求选择相应的操作模式	完成操作模式设置
3	设置与照度相关	选择照度控制进入照度控制参数设置界面,选择第二个与照度相关选项,进行参考照度设置和发送值设置	与照度相关修改完成

续表

序号	步骤	操作方法及说明	质量标准
4	修改红外移动感应器(180)的延时参数	选择时间设置,可以修改延时时间,分为时间基准设置和时间倍数设置	延时时间设置完成
5	选择红外移动感应器(360)的参数设置	在"1.1 新建支线"下添加红外移动感应器,选中红外移动感应器(360),显示状态变为蓝色后,单击"参数"按钮,进入参数设置界面	成功进入参数设置界面
6	进行操作模式设置	选择区块 1 通用设置,进入操作模式复选框,根据控制要求选择相应的操作模式	完成操作模式设置

177

续表

序号	步骤	操作方法及说明	质量标准
7	修改红外移动感应器（360）的延时参数	选择时间设置，可以修改延时时间，分为时间基准设置和时间倍数设置 	延时时间设置完成
8	绑定组地址	选中关联模块；单击"组对象"按钮，进入组对象参数匹配设置页面；设置组地址，比如 1/1/1；选择绑定对象，在组地址栏分别输入 1/1/1，长度为 1bit 	组地址绑定成功

② 下载调试应用程序。

序号	步骤	操作方法及说明	质量标准
1	下载应用程序	第一步，选择所需下载的模块；第二步，选择下载方式；第三步，选择完整下载 	下载完成
2	调试	通电检查设备电源、模块工作是否正常	检查功能应符合控制要求

③ 效果展示。

步骤	操作方法及说明	质量标准
模仿有人动作	在装有红外移动感应器的房间走动,看负载是否动作	符合任务要求

4. 学习结果评价

序号	评价内容	评价标准	评价结果
1	项目任务	正确理解项目任务的内容、目标等	
2	任务分析	1. 场景设置参数理解正确; 2. 场景控制方式调用合理	
3	实训环境	1. 实训室照明、配电符合条件; 2. 智能照明实验台整齐; 3. 安装工具符合要求; 4. 着装及安全防护符合要求	
4	硬件配置方案	1. 控制系统资料信息充足; 2. 资料的研读正确; 3. 调光控制模块的选择合理; 4. 系统配置正确; 5. 系统装置的安装按时完成; 6. 系统装置的安装集成正确	
5	工具软件创建系统	1. 正确启动 ETS5 软件; 2. 正确创建产品数据库; 3. 正确导入产品数据; 4. 正确创建一个新项目; 5. 正确完成项目设计	
6	应用程序	1. 正确完成控制通道配置; 2. 正确下载程序; 3. 正确进行控制性能调试	
7	实训结束设备整理	1. 实验台完全断电; 2. 整理实训台面,恢复初始状态	

5. 课后作业

对红外移动感应器(180)和红外移动感应器(360)进行编程,两个红外移动感应器同时控制一盏灯的开关及调光。实现:人来时,当检测到房间光照强度低于 200 lx 时,红外移动感应器(180)控制灯具开启 100%亮度,当超过红外移动感应器(180)检测范围时,从动红外移动感应器(360)控制灯具开启 100%亮度。人走 5 s 后,灯灭。

3.2.4 能熟悉照度感应器的基础功能调试

一、核心概念

1. 恒照度控制是让房间一直保持某一个亮度;

2. 当房间亮度大于设定照度值时,相应的灯具会调灭(暗),当房间亮度小于设定值时,相应的灯具会逐步调亮。

二、学习目标

1. 掌握恒照度与照度的区别;
2. 掌握恒照度修改照度值的方法及延时时间;
3. 正确绑定组地址。

三、基本内容

1. 正确使用 ETS5 软件创建项目,添加设备;
2. 正确修改 360°照度感应器的相关参数;
3. 对房间进行恒照度控制,让房间一直保持在相同的亮度。

四、能力训练

1. 操作条件
① 实训室条件要求:
- 照度为 200~300 lx,温度为 15~35 ℃,相对湿度为 20%~90%RH(无凝露),无导电性粉尘,无易燃、易爆及腐蚀性气体、液体,通风良好;
- 实验台稳固,台面清洁;
- 装配人员安全防护装备齐整,符合安装现场要求;
- 装配、调试所用工具类型符合安装工作需要;
- PC 已安装 ETS5 软件,PC 与 KNX 系统的编程通信连接线匹配。
② 实训操作人员的技术要求:
- 实训操作人员经过 KNX 智能照明系统基础理论知识学习;
- 具有基础电气装配能力;
- 具备 PC 基本操作能力。
③ 实训操作人员的职业素养:
- 认真专注;
- 有序工作,遵章守职;
- 团队协作,展示交流;
- 钻研业务,提升专业技能。

2. 安全及注意事项
① 严格遵守安全操作规程、施工现场管理规定;
② 遵守用电安全基本准则,通电时注意安全防护,保证人员安全;
③ 对完成的施工进行检查,确保设备安全后,才可通电,保证设备安全;
④ 施工完成,清点工具,整理设备,打扫场地。

3. 操作过程
任务说明:对 360°照度感应器进行编程,实现对通用调光模块进行恒照度控制,标准照度值为 250 lx ,偏差为±10%;实现功能:用手电筒照射 360°照度感应器,通用调光模块控制的灯具 5 s 后逐渐变暗。

① 360°照度感应器、通用调光的参数、组地址设置。

序号	步骤	操作方法及说明	质量标准
1	选择 360° 照度感应器的参数设置	在"1.1 新建支线"下添加 360°照度感应器,选中 360°照度感应器(360),显示状态变成蓝色后,单击"参数"按钮,进入参数设置界面 单击"参数"按钮	正确打开参数设置界面
2	打开恒照度控制	选择区块功能设置,打开区块 1 功能并开启恒照度控制 第二步:打开恒照度控制	正确打开恒照度控制
3	根据任务要求修改照度值及其偏差范围	第一步选择恒照度控制,第二步修改照度值,第三步设置照度值的偏差范围 第二步:修改照度值 第三步:设置照度值的偏差范围 第一步	照度值及其偏差范围修改完成

续表

序号	步骤	操作方法及说明	质量标准
4	修改 360° 照度感应器的延时参数	选择时间设置,可以修改延时时间,分为时间基准设置和时间倍数设置 第二步:设置延时时间 第一步	延时时间设置完成
5	绑定 360° 照度感应器的组地址	选中 360° 照度感应器;单击"组对象"按钮,进入组对象参数匹配设置页面;设置组地址,比如 5/5/5;选择绑定对象,在组地址栏输入 5/5/5,长度为 4bit 绑定组地址	组地址绑定完成
6	通用调光模块的参数设置	在"1.1 新建支线"下添加通用调光模块,选中通用调光模块,显示状态变成蓝色后,单击"参数"按钮,进入参数设置界面 第一步 第二步:单击"参数"按钮	成功打开通用调光模块参数设置界面
7	打开通道 1	开启通道 1 第一步:开启通道 1	成功打开通道 1

续表

序号	步骤	操作方法及说明	质量标准
8	绑定通用调光模块的组地址	选中通用调光模块,单击"组对象"按钮,进入组对象参数匹配设置页面;设置组地址,比如 5/5/5;选择绑定对象,在组地址栏输入 5/5/5,长度为 4bit 组地址绑定成功	选择与 360° 照度感应器相对应的组地址并绑定成功
9	检查组地址绑定是否有误	检查 360° 照度感应器和通用调光模块的恒照度调光参数组地址是否一致,不一致将无法实现功能 组地址相同无误	360° 照度感应器与通用调光模块组地址相同

② 下载调试应用程序。

序号	步骤	操作方法及说明	质量标准
1	下载应用程序	选择下载模式,完成下载	下载完成
2	调试	通电检查设备电源、模块工作是否正常	检查功能应符合控制要求

4. 学习结果评价

序号	评价内容	评价标准	评价结果
1	项目任务	正确理解项目任务的内容、目标等	

续表

序号	评价内容	评价标准	评价结果
2	任务分析	1. 场景设置参数理解正确; 2. 场景控制方式调用合理	
3	实训环境	1. 实训室照明、配电符合条件; 2. 智能照明实验台整齐; 3. 安装工具符合要求; 4. 着装及安全防护符合要求	
4	硬件配置方案	1. 控制系统资料信息充足; 2. 资料的研读正确; 3. 调光控制模块的选择合理; 4. 系统配置正确; 5. 系统装置的安装按时完成; 6. 系统装置的安装集成正确	
5	工具软件创建系统	1. 正确启动 ETS5 软件; 2. 正确创建产品数据库; 3. 正确导入产品数据; 4. 正确创建一个新项目; 5. 正确完成项目设计	
6	应用程序	1. 正确完成控制通道配置; 2. 正确下载程序; 3. 正确进行控制性能调试	
7	实训结束设备整理	1. 实验台完全断电; 2. 整理实训台面成初始状态	

5. 课后作业

对 360°照度感应器进行编程,实现对通用调光模块进行恒照度控制,标准照度值为 100 lx,偏差为±10%;实现功能:遮住 360°照度感应器,通用调光模块控制的灯具 5 s 后逐渐变亮。

3.3　综合应用场景实现

3.3.1　能熟悉办公楼智能照明的综合应用功能

一、核心概念

办公楼智能照明综合控制:通过各模块的组合应用,对办公楼场景实现照明控制智能化。

二、学习目标

1. 能在开关控制模块中打开楼梯照明功能并根据需求设置参数;

2.能在开关控制模块中打开优先级功能并根据需求设置参数；

3.能在开关控制模块中打开倒计时提醒功能并根据需求设置参数；

4.能在存在感应器中根据需求调节移动感应的灵敏度；

5.能把设置好的组对象通过合适的组地址链接在一起,完成控制需求。

三、基本知识

① 开关控制模块的楼梯照明功能:能够给开关控制模块设置关闭延时时间。在开关控制模块的参数设置界面激活楼梯照明功能,根据需求设置时间参数。

② 开关控制模块的优先级功能:能够设置不同的优先级。在开关控制模块的参数设置界面可以激活更高的优先级函数,根据需求设置优先级类型,在出现的优先级参数里设置具体所需执行的逻辑。

③ 开关控制模块的倒计时提醒功能:能够在关闭照明前发出提醒。在开关控制模块激活倒计时提醒功能,根据需求设置倒计时提醒开始时间和提醒次数。

④ 存在感应器的移动感应功能:能够调节合适的移动感应参数。在存在感应器参数设置界面可以调节灵敏度等级和感应距离以及合适的感应时间等参数。

⑤ 组地址的链接:能够把组对象和组地址链接到一起。建立合适的组地址,根据需求把组地址与对应的组对象绑定一起,完成控制需求。

四、能力训练

1.操作条件

KNX 智能照明系统、PC、ETS5 软件、通信线。

2.安全及注意事项

① 线路连接处不要裸露;

② 总线线缆不能接成环形拓扑结构。

3.任务情景设置

办公楼照明定时控制:早 7:00 开,晚 17:00 关。上班时间段(7:00~17:00)墙壁面板无法控制。下班时间段(17:00~7:00)之间,办公室白炽灯开始受墙壁面板控制,员工如需加班按一下墙壁面板,办公室白炽灯亮 1 h,1 h 到时前 3 min 白炽灯 1 闪烁三次作为警告,如需继续加班再按一下面板,重新倒计时。走廊照明有人经过则白炽灯 2 打开,离开后白炽灯 2 关闭。

4.操作过程

序号	步骤	操作方法及说明	质量标准
1	打开 ETS5 软件,添加所需控制模块	1. 打开 ETS5 软件; 2. 新建项目,添加所需设备; ▲ 🔲 1 新建分区 　　▲ 🔲 1.1 新建支线 　　▷ 🔲 1.1.1 Switch actuator REG-K/2x230/10 with manual mode 　　▷ 🔲 1.1.2 Push-button 4-gang plus with IR 　　▷ 🔲 1.1.3 KNX ARGUS Presence with light control + IR 3. 物理地址下载	设备添加完毕,组态无错误,物理地址全部下载成功

序号	步骤	操作方法及说明	质量标准
2	设置 2 路 10 A 开关控制模块的通道 1（走廊）的场景参数	1. 单击 2 路 10 A 开关控制模块对应设备，单击"参数"按钮；"General"参数页面的"Scenes"栏选择"enabled"，在组对象一栏中将出现"Scene object"； 2. 进入"Channel1"参数页面，"Scenes"参数选择"enabled"；系统将出现"Channel：Scenes"选项； 3. 在"Channel：Scenes"选项中，选中"Scene 1"和"Scene 2"栏的"enabled"选项，激活场景 1 和场景 2，系统将出现场景地址和继电器状态选项；场景 1 的地址为 1，继电器状态选"pressed"选项；场景 2 的地址为 2，继电器状态为默认选项；	参数设置无错误，场景设置正确

序号	步骤	操作方法及说明	质量标准
2	设置 2 路 10 A 开关控制模块的通道 1（走廊）的场景参数	4. 在组对象"Scene object"中绑定所需要对应的组地址，例如"1/1/1"，完成本模块通道 1 的两个场景设置	参数设置无错误，场景设置正确
3	设置 2 路 10A 开关控制模块的通道 2（办公室）的楼梯照明功能	1. 单击 2 路 10 A 开关控制模块对应设备，单击"参数"按钮；"General"栏的"Channel2"中的"Staircase"参数选择"enabled"，激活楼梯照明功能，系统将出现通道 2 的楼梯照明功能参数选项； 2. 在通道 2：楼梯照明功能参数中，"Time base for staircase timer"（楼梯照明时间基准）选中"1 hr"（1 小时），"Factor for staircase timer（1–255）"（楼梯照明时间系数）选 1； 3. 在通道 2：楼梯照明时间参数中，"Warning at end of staircase timer"（楼梯照明时间结束时提醒）栏选择"3 warnings"（提醒 3 次）；	参数设置无错误

续表

序号	步骤	操作方法及说明	质量标准
3	设置 2 路 10A 开关控制模块的通道 2（办公室）的楼梯照明功能	4. 在通道 2：楼梯照明时间参数中，"Warning time（1-255），factor×1 s"（提醒开始时的剩余时间），单位为 1 s，设置 180 s	参数设置无错误
4	设置 2 路 10 A 开关控制模块的优先级功能	1. 单击 2 路 10 A 开关控制模块对应设备，单击"参数"按钮；"Channel2"参数页面"Higher priority function"（更高优先级功能）参数，选择"logic operation"（逻辑运算）； 2. 在通道 2 出现的"逻辑运算"参数页面中，使用默认参数设置，"逻辑运算类型"为"OR"（或门）；	参数设置无错误

序号	步骤	操作方法及说明	质量标准
4	设置 2 路 10 A 开关控制模块的优先级功能	3. 在组对象一栏出现的通道 2 的"Logic object"（逻辑对象）中绑定组地址"1/1/2"； 4. 在通道 2 的"Switch object"（开关对象）中绑定组地址"1/1/3"，完成通道 2 的参数设定； 5. 通道 1 的优先级功能设置与通道 2 一样，最终在组对象一栏出现的通道 1"逻辑对象"绑定组地址"1/1/2"	参数设置无错误
5	设置智能控制面板	1. 单击智能控制面板对应设备，单击下方"参数"按钮；"Push-button 1"参数页面的"Selection of function"（选择功能）栏选择默认的"Toggle"（切换）功能，其他参数采用默认设置。按键 1 代替时间切换，每次按下代表切换上班/下班时间； 2. 在组对象一栏"Push-button 1"上绑定组地址"1/1/2"，完成智能控制面板按键 1 设置； 3. 在"Push - button 2"参数页面中，"Selection of function"参数选择"Edges 1 bit, 2 bit（priority），4 bit, 1-byte value"，其余参数采用默认设置；按键 2 代表加班键；	参数设置无错误

续表

序号	步骤	操作方法及说明	质量标准
5	设置智能控制面板	4. 在出现的"Push-button2:(Object A)"(按键 2 对象 A)参数页面中,"按下时"选择"sends1"(发送值 1),"松开时"选择"none"(不发送值); 5. 在组对象一栏"Push-button 2"上绑定组地址"1/1/3",完成智能控制面板按键 2 设置	参 数 设 置 无错误
6	设 置 360° 存 在感应器	1. 单击 360°存在感应器对应设备,单击下方"参数"按钮,"Brightness"(亮度)参数页面的"移动检测"参数选中"与亮度无关"; 2. 在"输出对象"参数页面,"object"(对象)数据长度选择"1byte 0-255","移动开始时"选择发送值 1,"离开后"选择发送值 0; 3. 在"Times"(时间)参数页面,"楼梯计时器时间基准"选择"1 s","楼梯计时器时间因数"选择"5",即人离开 5 s 后触发存在感应器;	参 数 设 置 无错误

序号	步骤	操作方法及说明	质量标准
6	设置 360° 存在感应器	 4. 在组对象一栏"Value object 1"中绑定组地址"1/1/1",完成本模块的设置 	参数设置无错误
7	下载程序	把程序下载到对应模块当中	全部下载已完成,无报错
8	上班模式测试	第一次按下按键 1	白炽灯 1 亮,白炽灯 2 亮,其余按键无效
9	下班模式测试	1. 再次按下按键 1;	白炽灯 1 灭,白炽灯 2 灭
		2. 按下板按键 2;	白炽灯 1 亮 1 h,最后 3 min 时闪烁 3 次提醒
		3. 在 360°存在感应器附近走过	白炽灯 2 亮,离开检测范围5 s 后,白炽灯 2 灭

5. 学习结果评价

序号	评价内容	评价标准	评价结果
1	存在感应器的移动感应设置	下班模式,有人经过则打开白炽灯 2;离开 5 s 后白炽灯 2 熄灭	
2	2 路 10 A 开关控制模块的楼梯照明设置	下班模式,1 h 加班还有 3 min 结束时白炽灯 1 闪烁 3 次	
3	2 路 10 A 开关控制模块的优先级设置	上班模式时,按下按键 2 不会闪烁 3 次	

6. 课后作业

在以上基础上进行设计,加入清扫按键,清扫时按一下清扫按键,锁定照明打开,不会自动关闭,再按一下清扫按键回到正常状态,编写程序并下载,观察实际现象是否和自己的设计相符。

3.3.2　能熟悉体育场馆智能照明的综合应用功能

一、核心概念

体育场馆智能照明综合控制:通过各模块的组合应用,对体育场馆场景实现照明控制智能化。

二、学习目标

1. 能在开关控制模块中设置多个不同的场景;
2. 能通过智能控制面板的按键发送不同的值,调用开关控制模块中设置的场景;
3. 能通过智能控制面板启用锁定;
4. 能明白梯次启动的设置方法;
5. 能把设置好的组对象通过合适的组地址链接在一起,完成控制需求。

三、基本知识

① 场景功能:能够给开关控制模块设置多个场景,在开关控制模块的参数页面可以激活场景功能,设置符合需求的多个场景。

② 智能控制面板的单个按键发送 2 个值:能够每次按下该按键后调用不同场景。

③ 智能控制面板的锁定功能:能够锁定智能控制面板让其他按键失效。在智能控制面板的参数页面可以激活"Disable function"(禁用功能),选择要锁定的按键和解锁按键,在锁定组对象上绑定锁定信号来源的组地址。

四、能力训练

1. 操作条件
KNX 智能照明系统、PC、ETS5 软件、通信线。

2. 安全及注意事项
① 线路连接处不要裸露;
② 总线线缆不要接成环形拓扑结构。

3. 任务情景设置
体育场馆的照明,设定智能控制面板的按键 1~3 为控制室面板按键,按键 4~6 为公共区域按键,按下按键 1 进入比赛模式,所有照明梯次打开,同时公共区域智能控制面板锁定,防止观众误操作;按下按键 3 可以调用 2 个场景,来调节亮度和关闭照明;按下按键 2 离开比赛模式,公共区域智能控制面板解锁;按下按键 4~6 可以独立控制各区域照明。

4. 操作过程

序号	步骤	操作方法及说明	质量标准
1	打开 ETS5 软件,添加所需控制模块	1. 打开 ETS5 软件; 2. 新建项目,添加所需设备; ▲ ▦ 1 新建分区 　▲ 昌 1.1 新建支线 　　▷ ▮▯ 1.1.1 Switch actuator REG-K/2x230/10 with manual... 　　▷ ▮▯ 1.1.2 Push-button 4-gang plus with IR 　　▷ ▮▯ 1.1.3 Control unit 0-10 V REG-K/1f with manual mode 　　▷ ▮▯ 1.1.4 Universal dimming actuator REG-K/230/500W 3. 物理地址下载	设备添加完毕,组态无错误,物理地址全部下载成功
2	设置 2 路 10 A 开关控制模块的参数	1. 单击 2 路 10 A 开关控制模块对应设备,单击下方"参数"按钮;"General"参数页面的"Scenes"栏选择"enabled",在组对象一栏中将出现"Scene object"; 1.1.1 Switch actuator REG-K/2x230/10 with manual mode > General General　通用参数 Channel config. Channel 1 Channel 2 Manual operation type　◉ Bus and manual operation　○ Manual operation only Manual operation enabled　enabled Time-dependent reset of manual operation　◉ disabled　○ enabled Scenes in general　○ disabled　◉ enabled Status of mains voltage (Devices with mains supply)　disabled Minimum interval for status reports　200 ms Central function general　◉ disabled　○ enabled 取对象　参数 2. 进入"Channel1"参数页面,"Scenes"参数选择"enabled";系统将出现"Channel:Scenes"选项; 1.1.1 Switch actuator REG-K/2x230/10 with manual mode > Channel 1 General Channel config. Channel 1 Channel 1: Scenes Channel 2 Relay operation　◉ make contact　○ break contact Staircase lighting function　◉ disabled　○ enabled Delay times　◉ disabled　○ enabled Scenes　○ disabled　◉ enabled Central function　◉ disabled　○ enabled Higher priority function　disabled Disable function　◉ disabled　○ enabled Failure mode　◉ disabled　○ enabled Status report　disabled Manual operation when bus voltage fails (mains voltage present)　◉ disabled　○ enabled	参数设置无错误

续表

序号	步骤	操作方法及说明	质量标准
2	设置 2 路 10 A 开关控制模块的参数	3. 在"Channel：Scenes"选项中，选中"Scene 1"和"Scene 2"栏的"enabled"选项，激活场景 1 和场景 2，系统将出现场景地址和继电器状态选项；场景 1 的地址为 2，继电器状态选"pressed"；场景 2 的地址为 2，继电器状态为默认选项； 4. 通道 2 的场景设置与通道 1 相同，如下图所示	参数设置无错误
3	设置智能控制面板	1. 单击智能控制面板对应设备，单击下方"参数"按钮；"Push-button 1"参数页面的"Selection of function"栏，选择"Edges 1 bit，2 bit（priority）4 bit，1-byte value"，"Number of objects"栏选择"2"，即两个对象，其余参数采用默认设置，按键 1 为比赛模式按键；	参数设置无错误

续表

序号	步骤	操作方法及说明	质量标准
3	设置智能控制面板	2. 在出现的"Push-button1:(Object A&B)"(按键 1 对象 A 和对象 B)参数页面中,对象 A 和对象 B 都设置为"按下时"选择"发送值 1","松开时"选择"不发送值"; 3. 在组对象一栏"Push-button 1"的"Object A"(对象 A)上绑定组地址"1/1/2","Object B"(对象 B)上绑定组地址"1/1/6",完成智能控制面板按键 1 的设置; 4. 在"Push-button 2"参数页面中,"Selection of function"栏选择"Edges 1 bit,2 bit(Priority),4 bit,1-byte value",其余参数采用默认设置;此按键为通常模式按键; 5. 在出现的"Push-button2:(Object A)"参数页面中,"按下时"选择"发送值 0","松开时"选择"不发送值"; 6. 在组对象一栏"Push-button 2"上绑定组地址"1/1/6",完成按键 2 的设置;	参数设置无错误

序号	步骤	操作方法及说明	质量标准
3	设置智能控制面板	7. 在"Push-button 3"参数页面中,"Selection of function"栏选择"Toggle","Object A"栏选择"1 byte continuous 0~255","Value1"设置为 1,"Value2"设置为 2;按键 3 为调用调光功能和关闭灯光按键; 8. 在组对象一栏"Push-button 3"上绑定组地址"1/1/1",完成按键 3 设置; 9. 在"Push-button 4"参数页面中,采用如下图所示默认设置。按键 5 和按键 6 采用同样设置。按键 4 独立控制 2 路开关区域的开关,按键 5 独立控制 0~10 V 调光区域的开关,按键 6 独立控制通用调光区域的开关; 10. 在组对象一栏"Push-button 4"上绑定组地址"1/1/3","Push-button 5"上绑定组地址"1/1/4","Push-button 6"上绑定组地址"1/1/5",完成按键 4、按键 5 和按键 6 的设置; 11. 在"Disable function"(锁定功能)参数页面中激活面板的锁定功能,选择在对象值为 1 时锁定,锁定类型为各个按键分别设定;	参数设置无错误

序号	步骤	操作方法及说明	质量标准
3	设置智能控制面板	12. 在出现的"Push-button Disable"(按键锁定)参数页面中,Push-button 1~3 选择"不禁用",其余选择"锁定"; 13. 在组对象一栏"Locking object"(锁定对象)绑定组地址"1/1/6",完成本模块的参数设置	参数设置无错误

序号	步骤	操作方法及说明	质量标准
4	设置 0~10 V 调光模块	1. 与 2 路 10A 开关控制模块一样,单击 0~10 V 调光模块对应设备,单击下方"参数"按钮;"General"参数页面的"Scenes"栏选择"enabled",在组对象一栏中将出现"Scene object"; 2. 在"1:General"参数页面激活场景功能,系统将出现"1:Scenes"(通道 1:场景)选项; 3. 在"1:Scenes"选项中,选中"Scene 1"和"Scene 2"栏的"enabled",激活场景 1 和场景 2,系统将出现下列选项:场景 1 的"场景地址"设为 1,"亮度值"设为 50;场景 2 的"场景地址"设为 2,"亮度值"设为 0;	正确设置 0~10 V 调光模块

续表

序号	步骤	操作方法及说明	质量标准
4	设置 0~10 V 调光模块	4. 在组对象"Scene object"中绑定所需要对应的组地址,例如"1/1/1",完成本模块的两个场景设置; 5. 在组对象一栏"Switch object"绑定组地址"1/1/2"和"1/1/4",完成本模块的参数设置	正确设置 0~10 V 调光模块
5	设置通用调光模块	1. 单击通用调光模块对应设备,选择下方"参数"选项卡;"General"参数页面的"Channel1"栏选择"enabled",出现通道 1 对应选项;"Scenes"栏选择"enabled",在组对象一栏中将出现"Scene object"; 2. 在"1:General"参数页面激活场景功能,系统将出现"1:Scenes"(通道 1:场景)选项; 3. 在"1:Scenes"选项中,选中"Scene 1"和"Scene 2"栏的"enabled"激活场景 1 和场景 2,系统出现下列选项:场景 1 的"场景地址"设为 1,"亮度值"设为 50;场景 2 的"场景地址"设为 2,"亮度值"设为 0;	正确设置通用调光模块

续表

序号	步骤	操作方法及说明	质量标准
5	设置通用调光模块	 4. 在组对象一栏"Scene object"中绑定所需要对应的组地址，例如"1/1/1"，完成本模块的两个场景设置； 5. 在组对象一栏"Switch object"一栏绑定组地址，例如"1/1/2"和"1/1/5"，完成本模块的参数设置 	正确设置通用调光模块
6	下载程序	把程序下载到对应模块当中	全部下载已完成，无报错
7	比赛模式测试	1. 按下智能控制面板按键 1	所有灯光梯次全部打开，公共区域智能控制面板按键 4~6 无效
		2. 按下智能控制面板按键 3	白炽灯 1 和 2 仍然亮，白炽灯 3 的亮度为 50%，荧光灯的亮度为 50%
		3. 再次按下智能控制面板按键 3	所有灯光关闭
8	通常模式测试	1. 按下智能控制面板按键 2	灯光不变，按键 4~6 解除锁定
		2. 按下智能控制面板按键 4	白炽灯 1 和 2 亮
		3. 按下智能控制面板按键 5	白炽灯 3 亮
		4. 按下智能控制面板按键 6	荧光灯亮

5. 学习结果评价

序号	评价内容	评价标准	评价结果
1	梯次打开功能	按下按键1所有照明梯次打开	
2	面板锁定功能	按下按键1后,按键4~6被锁定	
3	解除锁定功能	按下按键2后,按键4~6解锁	
4	调用多个场景功能	使用按键3,白炽灯3和荧光灯可以在50%亮度和关闭之间切换	
5	按键4	通常模式下,可以独立控制白炽灯1和2的开关	
6	按键5	通常模式下,可以独立控制白炽灯3的开关	
7	按键6	通常模式下,可以独立控制荧光灯的开关	

6. 课后作业

在以上基础上进行设计,让按键1以调用场景的方式,来控制照明,同时锁定公共区域面板。此时还能完成梯次打开吗？如何同时实现锁定功能？编写程序并下载,观察具体现象是否和自己的设计相符。

3.3.3 能熟悉园区亮化智能照明的综合应用功能

一、核心概念

园区亮化智能照明综合控制:通过各模块的组合应用,对园区场景实现照明控制智能化。

二、学习目标

1. 能在智能控制面板中启用锁定功能;
2. 能在360°存在感应器中启用锁定功能;
3. 能在360°存在感应器模块中调节照度感应并根据需求调节合适的阀值;
4. 能在开关控制模块启用优先级功能,并设置合适的逻辑;
5. 能把设置好的组对象通过合适的组地址链接在一起,完成控制需求。

三、基本知识

① 开关控制模块的优先级功能:能够设置不同的优先级。从开关控制模块的参数页面中激活更高的优先级功能,根据需求设置优先级类型,在出现的优先级参数里设置具体所需执行的逻辑。

② 360°存在感应器的照度感应功能:能够根据不同需求设置不同的照度阈值,在360°存

在感应器的参数页面的对应通道参数中,激活照度感应功能,设置合适的参数。

③ 360°存在感应器的锁定功能:能根据需要打开锁定功能,在 360°存在感应器的参数页面激活锁定功能,并根据需求设置合适的参数,来控制 360°存在感应器的锁定和启用。

四、能力训练

1. 操作条件

KNX 智能照明系统、PC、ETS5 软件、通信线。

2. 安全及注意事项

① 线路连接处不要裸露;

② 总线线缆不要接成环形拓扑结构。

3. 任务情景设置

园区亮化智能照明,设定智能控制面板的按键 1 为手动/自动切换按键,按键 2 为手动模式下照明开关按键,按键 3 为时间切换按键,用于在白天(6:00~18:00)和夜晚(18:00~6:00)之间切换;手动模式下,按键 2 控制照明的开关,不受其他影响;自动模式下夜晚照明自动打开,白天低亮度依然打开,高亮度则关闭。

4. 操作过程

序号	步骤	操作方法及说明	质量标准
1	打开 ETS5 软件,添加所需控制模块	1. 打开 ETS5 软件; 2. 新建项目,添加所需设备; ▲ 1 新建分区 　▲ 1.1 新建支线 　▷ □ 1.1.1 Switch actuator REG-K/2x230/10 with manual mode 　▷ □ 1.1.2 Push-button 4-gang plus with IR 　▷ □ 1.1.3 KNX ARGUS Presence with light control + IR 3. 物理地址下载	模块添加完毕,组态无错误,物理地址全部下载成功
2	设置智能控制面板	1. 单击智能控制面板对应设备,单击下方"参数"按钮;"Push-button 1"参数页面的"Selection of function"栏选择默认的"Toggle",其余参数采用默认设置,此按键用于手动/自动切换,每次按下时切换手动/自动模式; 1.1.2 Push-button 4-gang plus with IR > Push-button 1 General　　　　　　Selection of function 选择功能　Toggle 切换 Push-button info　　Number of objects　　　　● one ○ two Push button 1　　　Triggering of status LED　　from switch/value object A Push-button 2　　　Object A　　　　　　　　　1 bit 2. 在组对象一栏"Push-button 1"上绑定组地址"1/1/1",完成按键 1 设置; 序号▲ 名章　　对象功能　　描述　　组地址　长度　C R W T U 数 ■0　Switch object A　Push-button 1　新建组地址　1/1/1　1 bit　C - W T - ■3　Switch object A　Push-button 2　　　　　　　　　1 bit　C - W T - ■6　Switch object A　Push-button 3　　　　　　　　　1 bit　C - W T - ■0　Switch object A　Push-button 4　　　　　　　　　1 bit　C - W T -	参数设置无错误

续表

序号	步骤	操作方法及说明	质量标准
2	设置智能控制面板	3. 按键 2 为手动模式下的照明开关按键,绑定组地址"1/1/2";按键 3 为时间切换的按键,绑定组地址"1/1/3";参数设定同按键 1; 4. 在"Disable function"参数页面中激活智能控制面板的锁定功能,选择在对象值为 1 时锁定,锁定类型为每个按键分别设定; 5. 在出现的"Push-button Disable"参数页面中,按键 1 和按键 2 选择"不禁用",其余选择"锁定"; 6. 在组对象一栏"Locking object"绑定组地址"1/1/1",完成本模块的参数设置	参数设置无错误

序号中的对象表：

序号 ▲	名称	对象功能	描述	组地址	长度	C	R	W	T	U	数
0	Switch object A	Push-button 1	新建组地址	1/1/1	1 bit	C	-	W	T	-	
3	Switch object A	Push-button 2	新建组地址	1/1/2	1 bit	C	-	W	T	-	
6	Switch object A	Push-button 3	新建组地址	1/1/3	1 bit	C	-	W	T	-	
9	Switch object A	Push-button 4			1 bit	C	-	W	T	-	

Disable function 参数页面:

1.1.2 Push-button 4-gang plus with IR > Disable function

- General
- Push-button info
- Push-button 1
- Push-button 1 : (Object A)
- Push-button 2
- Push-button 2 : (Object A)
- Push-button 3
- Push-button 4
- Push-button 5
- Push-button 6
- Push-button 7
- Push-button 8
- Auxiliary push-button
- **Disable function**
- Push-button Disable

Disable function 锁定功能: ○ enabled　○ disabled
Locking: at object value "0"　at object value "1"
Disable function for the push-buttons
Type of blocking 锁定的类型: for each push-button separately 为每个按键分别设定

Push-button Disable 参数页面:

1.1.2 Push-button 4-gang plus with IR >　Push-button: Disable

- General
- Push-button info
- Push-button 1
- Push-button 2
- Push-button 3
- Push-button 4
- Push-button 5
- Push-button 6
- Push-button 7
- Push-button 8
- Auxiliary push-button
- Disable function
- **Push-button: Disable**
- Scene module

Select the push-buttons to be integrated in the disable function.

	lock 锁定	do not disable 不禁用
Push-button 1	○	●
Push-button 2	○	●
Push-button 3	●	○
Push-button 4	●	○
Push-button 5	●	○
Push-button 6	●	○
Push-button 7	●	○
Push-button 8	●	○
Auxiliary push-button	●	○

序号	步骤	操作方法及说明	质量标准
2	设置智能控制面板		参数设置无错误
3	设置 360° 存在感应器模块	1. 单击 360°存在感应器对应设备,单击下方"参数"按钮,"Brightness"参数页面的"亮度阈值"栏设置合适的亮度值,例如 200;"亮度对象"栏选择"send",激活亮度对象; 2. 在组对象一栏出现的亮度对象上绑定组地址"1/1/4",完成亮度设置; 3. 锁定功能:在"Block 1 general"参数页面激活锁定功能,"操作模式"选择"通常操作"; 4. 在出现的"Disable function"参数页面,采用默认参数设置,即在对象值为 1 时锁定模块;	参数设置无错误

续表

序号	步骤	操作方法及说明	质量标准
3	设置 360° 存在感应器模块	5. 在组对象一栏出现的"Locking object"上绑定组地址"1/1/1",完成本模块的设置	参数设置无错误
4	设置 2 路 10 A 开关控制模块的参数	1. 单击 2 路 10 A 开关控制模块对应设备,单击下方"参数"按钮;"Channel1"参数页面选择"Higher priority function"(更高优先级功能)栏选择"逻辑函数"; 2. 在通道 1 出现的"Channel 1:Logic operation"参数页面中,采用默认参数设置,"Type of logic operation"为"OR"; 3. 在设备组对象一栏出现的通道 1 的"Logic object"中绑定组地址"1/1/3"; 4. 在通道 1 的"Switch object"中绑定和按键 2 一致的组地址"1/1/2"和亮度对象一致的组地址"1/1/4",完成本模块的参数设定	参数设置无错误

续表

序号	步骤	操作方法及说明	质量标准
4	设置 2 路 10 A 开关控制模块的参数		参数设置无错误
5	下载程序	把程序下载到对应模块当中	全部下载已完成,无报错
6	手动模式测试	1. 第一次按下按键 1,然后按下按键 2	白炽灯 1 随着按键 2 的通断而开关
		2. 调低亮度和切换时间	白炽灯 1 不随其发生改变
7	自动模式测试	1. 再次按下按键 1,按下按键 3 切换时间	白天时白炽灯 1 灭,夜晚时白炽灯 1 亮
		2. 调整亮度	夜晚时白炽灯 1 亮,低亮度且为白天时白炽灯 1 亮,高亮度且为白天时间时白炽灯 1 灭

5. 学习结果评价

序号	评价内容	评价标准	评价结果
1	按键 1 的手动/自动切换设置	第一次按下按键 1 进入手动模式,此时按键 3 和亮度无法控制白炽灯,第 2 次按下按键 1 时进入自动模式,按键 3 和亮度可以组合控制	
2	按键 2 的开关设置	手动模式下,重复按键 2 按下后,白炽灯会随之开关	
3	按键 3 的切换设置	自动模式下按下按键 3 视为切换白天/夜晚,按下一次为夜晚,无视照度打开白炽灯,观察现象是否一致	

序号	评价内容	评价标准	评价结果
4	2 路 10 A 开关控制模块的优先级设置	自动模式下亮度和时间有 1 个符合条件就打开照明	
5	360° 存在感应器的照度感应和锁定设置	自动模式处于白天时段,照度低时打开照明,观察现象是否一致	

6. 课后作业

模拟园区夜晚时间段自动开灯,但根据园区内的亮度,分段调节灯光照明的强度,刚进入夜晚亮度不是太低时采用低照度灯光,当夜晚亮度很低时采用高照度灯光,当白天时间段亮度低时并不关闭灯光而是采用低照度灯光,亮度高时才关闭,请自行设计、编写程序并下载,观察具体现象是否和自己的设计相符。

第4章

KNX智能照明系统集成

4.1 中控管理平台设置

4.1.1 能完成 KNX 系统的组网及过滤控制

一、核心概念

1. KNX 系统组网

KNX 系统的最小结构是支线,一般情况下(使用一个 64 mA 的总线电源)最多可以有 64 个总线元器件在同一线路上运行。一条支线(包括所分支)的导线长度不能超过 1 000 m。如果一个项目超过 64 个总线元器件或者超过 1 000 m 的通信距离,就需要划分多个支线。支线与支线之间的连接,就是 KNX 系统的组网方式。

2. KNX 通信过滤

支线与支线之间通过网关设备进行组网,为了防止网络风暴,通信数据量过大,往往需要对 KNX 的组网网关进行通信过滤的设备,从而避免支线上过多的无关通信数据传输。

二、学习目标

1. 掌握 KNX 组网方式和组网元器件的接线及编程;
2. 掌握如何设置组网元器件的方法,实现 KNX 通信过滤。

三、基本知识

1. KNX 系统支线耦合器组网

一条支线最多连接 64 个元器件,1 000 m 总线通信距离如图 4-1 所示,有两条支线,每条支线由 220 V 系统电源(1.)以及不超过 64 个 KNX 元器件(标注 1.1.1~1.×.×)组成。

如图 4-2 所示,通过支线耦合器(3.)把当前支线向主线通信(4.),两条支线的支线耦合器通过主线(4.)连接起来后,两条支线就完成了组网。主线

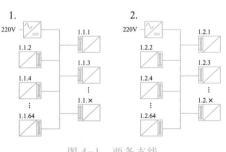

图 4-1 两条支线

（4.）需要配置额外的 220 V 系统电源。通过参数设置后，两条支线间就可以相互通信。

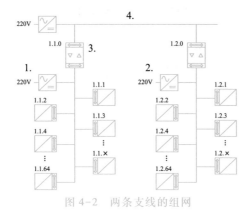

图 4-2　两条支线的组网

最多 15 个支线耦合器（3.）连接至主线（4.）上，组成一个区域"Area1"，如图 4-3 所示。

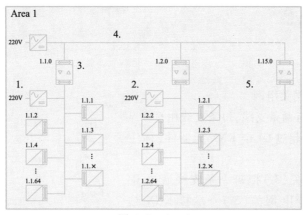

图 4-3　Area1

如果 1 个区域无法满足项目的使用需要，该区域又可以通过支线耦合器（7.）再向上一级进行组网，如图 4-4 所示。

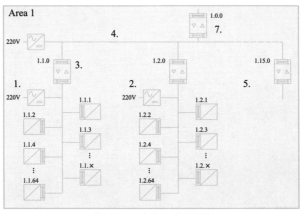

图 4-4　向上一级组网

区域与区域的组网耦合器通过主线(8.)相互连接起来,形成一个大系统,主线(8.)需要额外的 220 V 电源供电。最多 15 个区域相互连接,如图 4-5 所示。

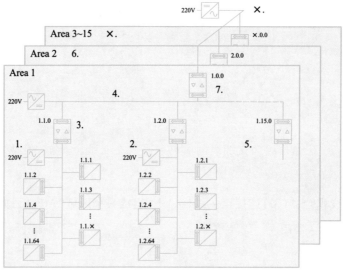

图 4-5   15 个区域相互连接

2. KNX 系统 IP 网关组网

如图 4-6 所示,有两条支线,每条支线由 220 V 系统电源(1.)以及不超过 64 个 KNX 元器件(标注 1.1.1~1.×.×)组成。

通过 KNX/IP 网关(3.)把每一条支线通过 IP 方式连接起来。KNX/IP 网关(3.)一端接 KNX 总线,一端接 RJ45 网线,通过交换机(Swith/Router)进行组网,如图 4-7 所示。

图 4-6   两条支线

图 4-7   交换机组网

3. KNX 通信过滤

支线与支线之间通过耦合器或者 KNX/IP 网关进行了组网,相互之间能够进行通信,但是不必要的通信数据也会在各个支线间流窜。

图 4-8 所示为两条支线通过支线耦合器(LK1,LK2)进行组网,Line1 通过 Pushbutton1(按键 1)向总线发送"1/1/1"组地址的控制指令,因为"1/1/1"绑定了 Lamp1(灯具 1),所以 Pushbutton1 可以对 Lamp1 进行控制。

Line2 通过 Movement detector(移动感应器)向总线发送"1/1/2"组地址的控制指令,因为"1/1/2"绑定了 Lamp1 和 Lamp2(灯具 1 和灯具 2),所以 Movement detector 可以同时对 Lamp1 和 Lamp2 进行控制。

"1/1/1"和"1/1/2"通信组在支线组网后可以在各个支线上传输,但是"1/1/1"只有在支线 Line1 上传输才有用,在 Line2 上传输没有用。为了避免过多的无用通信,造成总线通信负担,往往需要对每条支线进行过滤设置,阻止不必要的通信信号进入该支线。

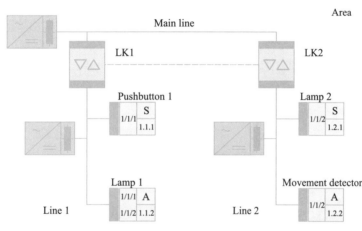

图 4-8　两条支线通过支线耦合器组网

1. 操作条件

① 实训室条件要求

● 照度为 200~300 lx,温度为 15~35 ℃,相对湿度为 20%~90%RH(无凝露),无导电性粉尘,无易燃、易爆及腐蚀性气体、液体,通风良好;

● 实验台稳固,台面清洁;

● 装配人员安全防护装备齐整,符合安装现场要求;

● 装配、调试所用工具类型符合安装工作需要;

● PC 已安装 ETS5 软件,PC 与 KNX 系统的编程通信连接线匹配。

② 实训操作人员的技术要求

● 实训操作人员经过 KNX 智能照明系统基础理论知识学习;

● 具有基础电气装配能力。

- 具备 PC 基本操作能力。

③ 实训操作人员的职业素养

- 认真专注;
- 有序工作,遵章守职;
- 团队协作,展示交流;
- 钻研业务,提升专业技能。

2．安全及注意事项

① 严格遵守安全操作规程、施工现场管理规定;

② 遵守用电安全基本准则,通电时注意安全防护,保证人员安全;

③ 对完成的施工进行检查,确保设备连接无误后,才可通电,保证设备安全;

④ 施工完成,清点工具,整理设备,打扫场地。

3．操作过程

任务说明:两个实验台的设备通过支线耦合器完成组网;通过调试编程,实现实验台 1 上的智能控制面板控制实验台 2 上的开关控制模块连接的灯具;设置过滤,组地址"1/1/1"可以通过支线耦合器控制实验台 2 上的设备,组地址"2/1/1"无法通过支线耦合器控制实验台 2 上的设备。

① 在 ETS5 软件中创建项目,添加两条支线和实验台设备,过滤参数设置后下载 ETS 数据库。

序号	步骤	操作方法及说明	质量标准
1	在 ETS5 软件创建项目	新建项目 创建新项目 名称 新建项目 主干 TP 拓扑 ✓创建支线 1.1 TP 组地址格式 ○自由 ○二级 ◉三级 创建项目　取消C	主干选用"TP":支线耦合器组网。主干选用"IP":KNX/IP 网关组网
2	添加支线	在项目的拓扑架构中添加两条支线,命名为"1.1 新建支线"和"1.2 新建支线" 拓扑▾ ➕ 添加支线┃▾　✖ 删除　⬇ 下 ▤ 拓扑骨架 ▷ 📁 动态文件夹 ▲ ▦ 1 新建分区 　▤ 1.1 新建支线 　▤ 1.2 新建支线	两条支线都在"1 新建分区"的下面,即"1.1 新建支线"和"1.2 新建支线"

序号	步骤	操作方法及说明	质量标准
3	添加组网设备	在"1.1 新建支线","1.2 新建支线"中分别添加组网设备——支线耦合器（MTN680204） 拓扑▼ ➕ 添加设备｜▾ ✖ 删除 ⬇ 下 ▦ 拓扑骨架 ▾ ▷ 📁 动态文件夹 ▲ ▦ 1 新建分区 　▲ ▤ 1.1 新建支线 　　▢ 1.1.0 Coupler REG-K 　▲ ▤ 1.2 新建支线 　　▶ ▢ 1.2.0 Coupler REG-K	支线耦合器（MTN680204）作为组网设备使用，它应当是这条支线的第一个设备，所以物理地址分别是"1.1.0"和"1.2.0"
4	设置支线耦合器相关参数	1. "Configuration"参数页面的"Function as"栏选择"Backbone/Line Couple"； 1.1.0 Coupler REG-K > Configuration Configuration　　Function as　　◉ Backbone / Line coupler ○ Repeater Selection 2. 设置过滤规则。分别有主线至支线过滤，以及支线至主线过滤设置。可选择数据通信过滤、完全通过及完全禁止。根据"1/1/1"通过"1.2 新建支线"耦合器，"2/1/1"不通过"1.2 新建支线"耦合器。所以"1.1 新建支线"耦合器将支线至主线的通信设置为完全通过，"1.2 新建支线"耦合器选择主线至支线进行数据通信过滤设置 Telegrams main line->line Group telegrams Groups 0-13　　Filter Group telegrams Groups 14-31　　Forward unfiltered Physical addressed telegrams　　Filter (depending on target & coupler address) Telegrams line->main line Group telegrams Groups 0-13　　Filter Group telegrams Groups 14-31　　Forward unfiltered Physical addressed telegrams　　Filter (depending on target & coupler address)	正确设置支线耦合器相关参数

续表

序号	步骤	操作方法及说明	质量标准
5	选择需要通过支线耦合器的组地址	1. 在组地址"属性"页面的"配置"选项卡,勾选"通过支线耦合器"; 2. 选择完需要通过的组地址后下载 ETS 程序至支线耦合器 	1. 每次设置一个支线耦合器,把需要通过该支线耦合器的组地址设置好后,和 ETS 程序一起下载至支线耦合器中; 2. 另一个支线耦合器的组地址过滤需重新选择哪些地址需要过滤后再下载

② 实验台支线耦合器实际接线。

序号	步骤	操作方法及说明	质量标准
1	接线	把两个实验台的组网设备进行连线 	1. 支线耦合器下端的两个接线端子:左侧是主线接线柱,右侧是支线接线柱; 2. 主线与主线相连,主线上接入系统电源

③ 下载开关控制模块和智能控制面板调试应用程序。

序号	步骤	操作方法及说明	质量标准
1	添加设备	在"1.1 新建支线"上添加智能控制面板，在"1.2 新建支线"上添加 2 路开关控制模块 	设置物理地址，避免与已有设备冲突
2	设置"1.1 新建支线"上的智能控制面板参数	1. 按键 1 和按键 2 选择"Toggle"； 2. 按键 1 和按键 2 的组对象分别绑定组地址"1/1/1"和"2/1/1"	检查功能，符合控制要求后下载应用程序至智能控制面板中
3	设置"1.2 新建支线"上的 2 路开关控制模块参数	在通道 1 的组对象上绑定组地址"1/1/1"和"2/1/1"	检查功能，符合控制要求后下载应用程序至模块中

④ 效果展示。

序号	步骤	操作方法及说明	质量标准
1	跨支线控制，组地址过滤测试	按"1.1 新建支线"上智能控制面板的按键 1 和按键 2	正确组网及设置过滤规则后，按键 1 可以跨支线控制"1.2 新建支线"上的开关通道，按键 2 不可以控制"1.2 新建支线"上的开关通道

4. 学习结果评价

序号	评价内容	评价标准	评价结果
1	项目任务	正确理解项目任务的内容、目标等	
2	任务分析	1. 支线耦合器设置参数理解正确； 2. 过滤控制方式合理	
3	实训环境	1. 实训室照明、配电符合条件； 2. 智能照明实验台整齐； 3. 安装工具符合要求； 4. 着装及安全防护措施符合规定	
4	硬件配置方案	1. 控制系统资料信息充足； 2. 资料的研读正确； 3. 控制器的选择合理； 4. 系统配置正确； 5. 系统装置的安装按时完成； 6. 系统装置的安装集成正确	
5	工具软件创建系统	1. 正确启动 ETS5 软件； 2. 正确创建产品数据库； 3. 正确导入产品数据； 4. 正确创建一个新项目； 5. 正确设计项目	
6	应用程序	1. 正确完成控制通道配置； 2. 正确下载程序； 3. 全面控制性能调试	
7	实训结束设备整理	1. 实验台完全断电； 2. 整理实训台面,恢复初始状态	

5. 课后作业

如何实现:"1.1 新建支线"上的智能控制面板按键 1 和按键 2 都可以控制"1.2 新建支线"上的开关控制模块,有几种方式实现?

4.1.2　能对 WinSwitch 中控平台软件进行调试

一、核心概念

WinSwitch 软件:WinSwitch(可视化监控)软件是 KNX 系统的中控管理软件之一。

WinSwitch 软件用于对整个楼宇的 KNX 系统进行集中监视及控制 KNX 系统的末端设备。此软件采用标准的图形界面进行操作控制,并可插入图形文件(如楼宇、楼层、多功能厅的照片或平面图），使控制更加简易、直观。

二、学习目标

1. 掌握 WinSwitch 软件的使用功能；
2. 编辑控制界面，控制照明设备。

三、基本知识

1. WinSwitch 软件可实现的功能

① 可插入 BMP、EMF、WMF、JPG、GIF、CLP 等图形文件；

② 可对 KNX 智能照明系统中的设备进行定时控制；

③ 可进行逻辑控制，可对设备进行延时开关，可进行场景控制，可对设备的开关进行计次或计时统计；

④ 可实时显示各种信息，如某设备开关或某处有报警；

⑤ 可实时打印各种信息；

⑥ 可查询历史记录；

⑦ 可实时显示设备的开关状态；

⑧ 可通过按钮进行开关、调光控制；

⑨ 可进行报警指示；

⑩ 可编辑不同区域、不同监控场所的图形，并可相互切换显示。

2. WinSwitch 软件的安装与启动

① 安装 WinSwitch 驱动程序，按提示进行安装操作即可完成软件安装。其安装包可从 Aston-Technologie 公司网站下载。

② 在 PC 上插入 WinSwitch3 的加密狗，系统会提示"发现新硬件"并安装驱动，如图 4-9 所示，等待提示"硬件已安装"，WinSwitch3 就可以识别到该软件的许可证了。

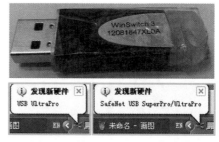

图 4-9　插入 WinSwitch3 加密狗

③ 启动和退出。软件安装完成之后，双击桌面快捷图标 即可打开 WinSwitch 软件，单击打开图标 可打开已有的程序，如图 4-10 所示。

WinSwitch 软件编辑界面如图 4-11 所示，"Elements"（元素）窗口可以添加功能图标，"Element Inspector"（元素参数设置）窗口可以设置元素属性和控制地址，"Project Office"（项目窗口）可以添加新页面、管理控制地址、设置密码，"Visualisation 1"是当前编辑页面窗口。

四、能力训练

1. 操作条件

① WinSwitch 软件调试实训室条件要求：

● 照度为 200～300 lx，温度为 15～35 ℃，相对湿度为 20%～90%RH（无凝露），无导电性

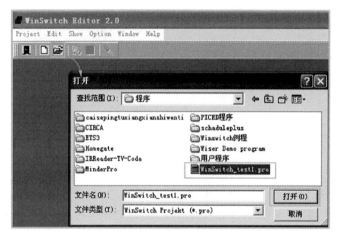

图 4-10　打开已有程序

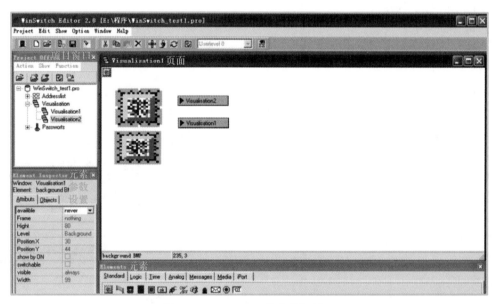

图 4-11　WinSwitch 软件编辑界面

粉尘,无易燃、易爆及腐蚀性气体、液体,通风良好;

- 实验台稳固,台面清洁;
- 装配人员安全防护装备齐整,符合安装现场要求;
- 装配、调试所用工具类型符合安装工作需要;
- PC 已安装 ETS5 软件,PC 与 KNX 系统的编程通信连接线匹配。

② 实训操作人员的技术要求:

- 实训操作人员经过 KNX 智能照明系统基础理论知识学习;
- 具有基础电气装配能力;
- 具备 PC 基本操作能力。

③ 实训操作人员的职业素养：

- 认真专注；
- 有序工作,遵章守职；
- 团队协作,展示交流；
- 钻研业务,提升专业技能。

2. 安全及注意事项

① 严格遵守安全操作规程、施工现场管理规定；

② 遵守用电安全基本准则,通电时注意安全防护,保证人员安全；

③ 对完成的施工进行检查,确保设备安全后,才可通电,保证设备安全；

④ 施工完成,清点工具,整理设备,打扫场地。

3. 操作过程

任务说明:在计算机打开 WinSwitch 软件,实现页面跳转;在页面中编辑一个按键控制开关控制模块的通道 1;通过 USB 接口连接 KNX 总线进行控制测试。

① 新建项目与页面。

序号	步骤	操作方法及说明	质量标准
1	新建项目	1. 单击"Project"→"New"； 2. 在弹出的对话框中选中"WinSwitch2",单击"ok"按钮； 3. 新建项目如下	正常创建新的项目,并进入编辑界面

续表

序号	步骤	操作方法及说明	质量标准
2	保存项目	单击保存图标，输入文件名和存储位置，单击"保存"按钮即可 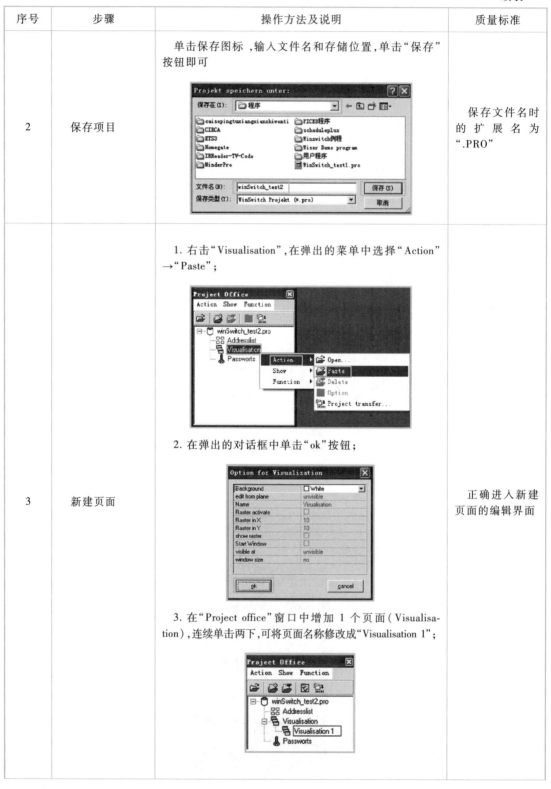	保存文件名时的扩展名为".PRO"
3	新建页面	1. 右击"Visualisation"，在弹出的菜单中选择"Action"→"Paste"； 2. 在弹出的对话框中单击"ok"按钮； 3. 在"Project office"窗口中增加 1 个页面（Visualisation），连续单击两下，可将页面名称修改成"Visualisation 1"；	正确进入新建页面的编辑界面

续表

序号	步骤	操作方法及说明	质量标准
3	新建页面	4. 双击"Visualisation1",可打开该页面的编辑窗口,如下图所示	正确进入新建页面的编辑界面

② 设置页面跳转。

序号	步骤	操作方法及说明	质量标准
1	新建两个页面,打开"Elements"窗口	设置方式如下:	正确进入相关界面
2	在页面1中插入跳转按键	设置方式如下:	正确进入相关界面
3	编辑跳转按键参数	设置方式如下:	正确进入相关界面

③ 插入并编辑控制按钮。

序号	步骤	操作方法及说明	质量标准
1	插入"Standard"中的"Rocker Switch"按钮	1. 单击"Show"→"Elements"菜单命令； 2. 在弹出的"Elements"窗口中单击 Rocker Switch 图标； 3. "Visualisation 1"窗口中显示出一个"Rocker Switch"按钮，用鼠标左键点住页面中的"Rocker Switch"按钮，可以将该按钮拖动到所需位置上	成功插入按钮
2	编辑按钮属性	1. 选中页面中的按钮图标，单击"Show"→"Element Inspector"菜单命令，在弹出的对话框"Attributs"选项卡中设置元素属性； 2. 在"Object"选项卡中设置按键的控制地址，如果对应开关控制模块的"Channel1"，那么开关控制模块"Channel1"的控制地址也是"1/1/1"	正确编辑按钮属性

续表

序号	步骤	操作方法及说明	质量标准
2	编辑按钮属性		正确编辑按钮属性

④ 连接 KNX 网络并测试效果。

序号	步骤	操作方法及说明	质量标准
1	建立 WinSwitch 软件与 KNX 总线的通信	1. 单击 Start Test 图标,进入运行模式,在弹出的对话框中单击"ok"按钮; 2. 单击"Show"→"Test Office"菜单命令; 3. 在弹出的对话框中单击 choose Driver 图标,由于所用 PC 接口是 USB 接口模块(MTN681829),因此"Driver"类型选"Driver for Falcon Server 1.23(USB)",单击"ok"按钮; 4. 在弹出的对话框中单击"确定"按钮;	正确与 KNX 总线建立连接

续表

序号	步骤	操作方法及说明	质量标准
1	建立 WinSwitch 软件与 KNX 总线的通信	5. 在"Driver"选项卡下将显示出接口的连接状态"On-line"	正确与 KNX 总线建立连接
2	测试	回到"Visualisation 1"窗口,单击按钮图标	按钮能对开关控制模块进行控制

4. 学习结果评价

序号	评价内容	评价标准	评价结果
1	项目任务	正确理解项目任务的内容、目标等	
2	任务分析	1. 跳转按键参数设置正确; 2. 控制按键参数设置正确	

续表

序号	评价内容	评价标准	评价结果
3	实训环境	1. 实训室照明、配电符合条件； 2. 智能照明实验台整齐； 3. 安装工具符合要求； 4. 着装及安全防护符合要求	
4	硬件配置方案	1. 控制系统资料信息充足； 2. 资料的研读正确； 3. 调光控制器的选择合理； 4. 系统配置正确； 5. 系统装置的安装按时完成； 6. 系统装置的安装集成正确	
5	工具软件创建系统	1. 正确启动 WinSwitch 软件； 2. 正确创建一个新项目； 3. 正确配置新页面； 4. 正确设计项目	
6	应用程序	1. 正确完成控制通道配置； 2. 正确下载程序； 3. 正确进行按钮性能调试	
7	实训结束设备整理	1. 实验台完全断电； 2. 整理实训台面，恢复初始状态	

5. 课后作业

通过学习 WinSwitch 软件的帮助文件，掌握在 WinSwitch 软件上实现调光控制、场景控制及定时控制。

4.2 KNX 智能照明系统集成

4.2.1 能通过 BACnetIP 方式进行系统集成

一、核心概念

1. 什么是 BACnet

BACnet 是一种通信协议，它是针对智能建筑及控制系统的应用所设计的通信协议，主要用在暖通空调系统（HVAC，包括暖气、通风、空气调节）、门禁系统、火警侦测系统及其相关的设备。

2. KNX 与 BACnet

KNX 是照明系统的一种通信协议，BACnet 是暖通空调系统的一种通信协议，它们之间如果需要互连互通,一般会通过相关的协议转换网关来实现。施耐德电气的 SPACELYNK 逻辑控制器产品可以实现该转换功能。

二、学习目标

1. 掌握 SPACELYNK 逻辑控制器的产品功能及接线方式;

2. 编辑 SPACELYNK 逻辑控制器,实现 KNX 系统通过 BACnet IP 方式与 EBO 楼宇管理平台集成。

三、基本知识

SPACELYNK 逻辑控制器是一种针对 KNX 系统的多功能协议集成网关,其外形如图 4-12 所示。

图 4-12　SPACELYNK 逻辑控制器的外形

SPACELYNK 逻辑控制器具有 KNX 端子,支持 KNX 通信;具有 RJ45 接口,支持 KNXnet/IP routing,KNXnet/IP tunnelling,Modbus TCP,BACnet,Web services,http/https/FTP/SMTP;具有 RS485 接口,支持 Modbus RTU;具有 RS232 接口,支持 RS232。

SPACELYNK 逻辑控制器的接口如图 4-13 所示。

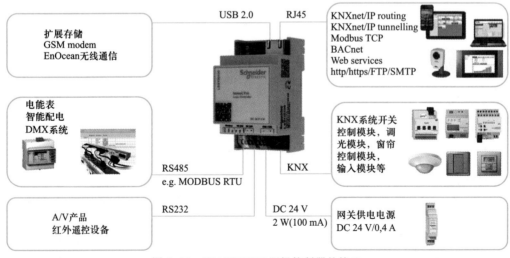

图 4-13　SPACELYNK 逻辑控制器的接口

四、能力训练

1. 操作条件

① BACnet IP 方式集成调试实训室条件要求：

- 照度为 200~300 lx，温度为 15~35 ℃，相对湿度为 20%~90%RH（无凝露），无导电性粉尘，无易燃、易爆及腐蚀性气体、液体，通风良好；
- 实验台稳固，台面清洁；
- 装配人员安全防护装备齐整，符合安装现场要求；
- 装配、调试所用工具类型符合安装工作需要；
- PC 已安装 ETS5 软件，PC 与 KNX 系统的编程通信连接线匹配。

② 实训操作人员的技术要求：

- 实训操作人员经过 KNX 智能照明系统基础理论知识学习；
- 具有基础电气装配能力；
- 具备 PC 基本操作能力。

③ 实训操作人员的职业素养：

- 认真专注；
- 有序工作，遵章守职；
- 团队协作，展示交流；
- 钻研业务，提升专业技能。

2. 安全及注意事项：

① 严格遵守安全操作规程、施工现场管理规定；

② 遵守用电安全基本准则，通电时注意安全防护，保证人员安全；

③ 对完成的施工进行检查，确保设备连接无误后，才可通电，保证设备安全；

④ 施工完成，清点工具，整理设备，打扫场地。

3. 操作过程

使用 SPACELYNK 逻辑控制器将 KNX 的信息转换成 BACnet 信息，从而使其在楼宇管理系统（如，SBO）内可编辑、控制。

① 配置 SPACELYNK 逻辑控制器。

序号	步骤	操作方法及说明	质量标准
1	安装 SPACELYNK 逻辑控制器	1. SPACELYNK 逻辑控制器为导轨安装，DC 24 V 供电； 2. 供电接线端子标准：DC 24 V	正确通电，网关指示灯亮起

续表

序号	步骤	操作方法及说明	质量标准
2	进入 SPACELYNK 网页配置界面	1. SPACELYNK 逻辑控制器默认出厂 IP 地址为"192.168.0.10",子网掩码为"255.255.255.0"; 2. 将其与调试计算机直连,并将计算机 IP 地址调成同一网段内的地址(如"192.168.0.9"); 3. 在网页浏览器内输入 SPACELYNK 逻辑控制器 IP 地址来打开其配置网页,如下图所示 ![Schneider Electric SPACELYNK 配置主页截图]	输入网页 IP 地址,可以正常进入 SPACELYNK 逻辑控制器的配置界面
3	设置 SPACELYNK IP 地址	1. 在主页上单击"Configurator"(配置)选项,在弹出的窗口中输入用户名"admin",密码"admin",如下图所示; ![Authentication Required 弹窗截图] 2. 找到 Utilities→System→Network→Interface 窗口,单击"eth0"来修改 IP 地址,修改完成后单击"OK"按钮 ![Interface eth0 窗口截图] Protocol: Static IP IP address: 10.154.20.26 Network mask: 255.255.255.0 Gateway IP: 10.154.20.1 DNS server 1: DNS server 2: Mtu:	修改 IP,可通过计算机 Ping 修改后的 IP 地址,确认是否修改成功

② 创建 KNX/BACnet 对象。

序号	步骤	操作方法及说明	质量标准
1	连接 SPACELYNK 网关至 KNX 网络	1. 将 KNX 总线连接上 SPACELYNK 的 KNX 端子; 2. 配置网页内找到 Configurator→Utilities→System→Network→KNX connection,在 General 窗口下将"Mode"选成"TP-UART"(默认值)	正确进入相关界面

续表

序号	步骤	操作方法及说明	质量标准
1	连接 SPACELYNK 网关至 KNX 网络	*(KNX connection 窗口截图)*	正确进入相关界面
2	导入 KNX 组信息	1. 在 ETS5 软件内，单击需要集成的 KNX 项目并右击，在弹出的菜单中选择"导出"； *(ETS5 项目菜单截图)* 2. 在弹出的窗口中"保存类型"设为"OPC Export"文件格式； *(保存类型截图)* 3. 在 SPACELYNK 的网页内找到 Configurator→Utilities→Import ESF file，并导入之前导出的 OPC Export（ESF）文件 *(Import ESF file 窗口截图)*	保存的文件为 esf 文件格式
3	选择 KNX 组并转换成 BACnet 对象	在 SPACELYNK 网页上打开 Configurator→Objects 窗口，所有 KNX 的组信息将在此列出。勾选需要的组对象的"Export"选项即可将此对象转换成 BACnet 对象	正确进入相关界面

续表

序号	步骤	操作方法及说明	质量标准
3	选择 KNX 组并转换成 BACnet 对象		正确进入相关界面
4	BACnet 设置及信息	可在 Configurator→System→Network→BACnet Objects 下面查看所有已转换的 BACnet 对象,并可查看 BACnet 的设置(设备名称,ID 等) 	设置完 BACnet 参数,网关重启后,第三方平台 BACnet 端口就可以发现 SPACE-LYNK 网关

③ 在 SBO 软件内添加 SPACELYNK,并控制点位。

序号	步骤	操作方法及说明	质量标准
1	登录 SBO 软件,添加 SPACELYNK	1. 添加 BACnet Interface 并右击,选择"New Interface"→"BACnet Interface"; 2. "Instance ID"选择"Manually entered"(手动输入),并输入"Device ID"和"Device name";	不同的 BACnet 平台,添加 BACnet 设备的方式不一样,但是只需输入之前给 SPACELYNK 配置的 Device ID 和 Device name

序号	步骤	操作方法及说明	质量标准
1	登录 SBO 软件，添加 SPACELYNK	3. 完成后，在"Application"下便能查找到需要的信息	不同的 BACnet 平台，添加 BACnet 设备的方式不一样，但是只需输入之前给 SPACELYNK 配置的 Device ID 和 Device name

4. 学习结果评价

序号	评价内容	评价标准	评价结果
1	项目任务	正确理解项目任务的内容、目标等	
2	任务分析	1. SPACELYNK 逻辑控制器接线正确； 2. SPACELYNK 逻辑控制器 BACnet 参数配置正确	
3	实训环境	1. 实训室照明、配电符合条件； 2. 智能照明实验台整齐； 3. 安装工具符合要求； 4. 着装及安全防护符合规定	
4	硬件配置方案	1. 控制系统资料信息充足； 2. 资料的研读正确； 3. 控制器的选择合理； 4. 系统配置正确； 5. 系统装置的安装按时完成； 6. 系统装置的安装集成正确	
5	工具软件创建系统	1. 正确启动 SPACELYNK 硬件网关； 2. 正确进入配置界面； 3. 正确配置 BACnet 信息	

续表

序号	评价内容	评价标准	评价结果
6	应用程序	1. 正确完成控制通道配置； 2. 正确下载程序； 3. 正确进行控制性能调试	
7	实训结束设备整理	1. 实验台完全断电； 2. 整理实训台面,恢复初始状态	

5. 课后作业

通过 BACnet 平台的软件设置实现一个按键控制 KNX 总线上的照明设备。

4.2.2　能通过 OPC 方式进行系统集成

一、核心概念

1. OPC 技术

OPC(OLE for Process Control)技术是指为了在工业控制系统应用程序之间的通信而建立的一个接口标准,作为在工业控制设备与控制软件之间统一的数据存取规范。

OPC 为硬件制造商与软件开发商提供了一条桥梁,通过硬件厂商提供的 OPC Server 接口,软件开发者不必考虑各项不同硬件间的差异,便可从硬件端取得所需的信息。

2. KNX OPC Server

KNX 是专业的照明控制系统,该系统内有众多的控制产品通过 KNX 协议互连互通,KNX 系统可通过 KNX OPC Server 提供标准的 OPC 通信接口。KNX OPC Server 是通过软件方式与第三方系统进行集成开发。

二、学习目标

1. 掌握 KNX 系统通过 OPC 方式与第三方系统进行集成;

2. 熟悉 KNX OPC Server 的基本功能与应用,实现如何通过第三方 OPC 客户端访问并控制 KNX 系统。

三、基本知识

1. KNX OPC 集成测试所需实验设备

硬件:PC 1 台、2 路开关控制模块(MTN649202)1 个、带 USB 接口的通信模块(MTN681829)1 个。

软件:ETS5、NETxKNX OPC Studio 3.5、OPC Client Version2.0。

2. KNX OPC Server 软件介绍

KNX OPC Server 软件由两个主要部分组成：服务器和 KNX OPC Server 工作区。

① 服务器。服务器的系统结构如图 4-14 所示。

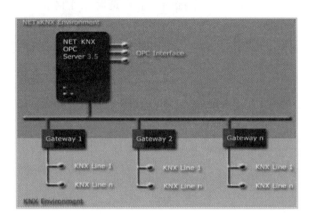

图 4-14　服务器的系统结构

② KNX OPC Server 工作区。安装 NETxKNX OPC Studio 3.5，运行后的界面如图 4-15 所示。

菜单栏

图 4-15　NETxKNX OPC Studio 3.5 的界面

菜单栏包括 Workspace、Edit、Server、File、Tools、Windows 和 Info 七个部分。

Workspace 下拉菜单包括创建、打开、保存、删除、退出，共 5 个选项，主要用于创建某一个工作平台及对其进行相应的基本操作。

Edit 下拉菜单包括剪切、复制、粘贴、查找、查找和替换、全选，共 6 个选项，主要是对配置表中的文本进行操作。

Server 下拉菜单包括导入 ETS 项目（＊ESF 文件）、系统配置、路由器配置、N-Mesh 配置、主/备份服务器配置、系统设置、启动服务器、关闭服务器、重启服务器、刷新的 N-Mesh 路由、设置过滤器、设置单元格值、发送通信信息、高级配置，共 14 个选项。主要是对服务器正常连接及通信进行相关配置及操作。

File 下拉菜单包括系统日志文件、网关定义、通信定义、设备定义、[当前]任务定义、高级配置等,共 11 个选项。主要是查看服务器相关功能模块定义的文件。

Tools 下拉菜单包括历史通信浏览器功能选项。

Windows 下拉菜单包括项目树、系统信息、通信监控器、单元监控器、网关监控器、查找、项目属性、恢复位置、垂直、水平等,共 11 个选项。主要是对工作区主界面的各个区域布局进行相关操作。

Info 下拉菜单包括许可证管理和关于,共 2 个选项。主要是查看服务器许可证和系统版本相关信息。

四、能力训练

1. 操作条件

① KNX OPC Server 方式集成调试实训室条件要求。

- 照度为 200～300 lx,温度为 15～35 ℃,相对湿度为 20%～90%RH(无凝露),无导电性粉尘,无易燃、易爆及腐蚀性气体、液体,通风良好;
- 实验台稳固,台面清洁;
- 装配人员安全防护装备齐整,符合安装现场要求;
- 装配、调试所用工具类型符合安装工作需要;
- PC 已安装 ETS5 软件,PC 与 KNX 的编程通信连接线匹配。

② 实训操作人员的技术要求。

- 实训操作人员经过 KNX 智能照明系统基础理论知识学习;
- 具有基础电气装配能力;
- 具备 PC 基本操作能力。

③ 实训操作人员的职业素养。

- 认真专注;
- 有序工作,遵章守职;
- 团队协作,展示交流;
- 钻研业务,提升专业技能。

2. 安全及注意事项

① 严格遵守安全操作规程、施工现场管理规定;

② 遵守用电安全基本准则,通电时注意安全防护,保证人员安全;

③ 对完成的施工进行检查,确保设备连接无误后,才可通电,保证设备安全;

④ 施工完成,清点工具,整理设备,打扫场地。

3. 操作过程

配置 KNX OPC Server,连接 KNX 实验台设备,通过 OPC Client Version2.0 实现远程控制。

① 配置 KNX OPC Server。

序号	步骤	操作方法及说明	质量标准
1	打开 NETxKNX OPC Studio 3.5 软件	计算机通过 USB 接口连接 KNX 实验台设备	能在图中左侧的 Getway Manager 里可以看到 KNX 系统连接的状态
2	导入.ESF 文件	单击画面最上边工具栏里的"Server",选择第一项,导入.ESF 文件(从 ETS5 软件中导出的用于 OPC Server 的文件); 单击"ETS Exported OPC File"; 选好文件后,单击画面最下方的"Convert"按钮;	能正确从 ETS5 软件中导出的用于 OPC Server 的文件

续表

序号	步骤	操作方法及说明	质量标准
2	导入.ESF 文件	然后系统会弹出两个对话框,均单击"确定"按钮即可,接着关闭"NETxKNX ETS Converter 3.5"对话框	能 正 确 从 ETS5 软 件 中 导 出 的 用 于 OPC Server 的文件
3	重启 OPC 服务器后,启用配置好的 KNX OPC server	关闭对话框后系统会提示重启 OPC,在第一行工具栏里单击 Server,选择"Restart Server"; 重启后, KNX 网络里的控制地址都会显示在 "BRORDCAST"内,此时显示的所有控制地址均可被第三方的客户端查看到	右击任意控制地址,系统会出现四个选项,第一个选项可以在线给当前设备赋值,如果是开关设备,可以赋值 0 或 1;如果是调光设备,可以对 Value 的控制地址赋值 0～255;如果是场景,根据 ETS5 软件编程中的场景地址,输入 0～63

② OPC 客户端的连接与测试。

序号	步骤	操作方法及说明	质量标准
1	打开 OPC 客户端	打开 OPC 客户端应用程序	能从互联网下载 OPC 客户端测试程序
2	配置 OPC 客户端与 KNX. OPC. Server 服务器的连接	在"Available Servers"中选择可用的"KNX OPC server"	能正确显示并选择服务器名称"NETxKNX. OPC. Server.3.5"
3	选择要控制的组地址	单击"Browse items"中"Root"树结构中的"BRORD-CAST",选择要控制的组地址 选好的控制地址	正确进入相关界面

续表

序号	步骤	操作方法及说明	质量标准
4	测试被控制的地址	选择某个需要被控制的地址并右击,在弹出的菜单中选择写入控制命令数据, 此时,OPC 客户端操作界面可以看到控制变化	能对开关控制模块的控制地址"1/1/1"写入"1",该模块相应通道执行闭合动作

4. 学习结果评价

序号	评价内容	评价标准	评价结果
1	项目任务	正确理解项目任务的内容、目标等	
2	任务分析	1. KNX OPC server 软件安装、参数设置; 2. 正确使用 OPC 客户端; 3. KNX 控制地址编辑	
3	实训环境	1. 实验室照明、配电符合条件; 2. 智能照明实验台整齐; 3. 安装工具符合要求; 4. 着装及安全防护符合规定	
4	硬件配置方案	1. 控制系统资料信息充足; 2. 资料的研读正确; 3. 控制器的选择合理; 4. 系统配置正确; 5. 系统装置的安装按时完成; 6. 系统装置的安装集成正确	
5	工具软件创建系统	1. 正确启动 KNX OPC server 服务; 2. 正确配置 OPC 客户端连接	

序号	评价内容	评价标准	评价结果
6	应用程序	1. 正确完成控制通道配置； 2. 正确下载程序； 3. 正确进行控制性能调试	
7	实训结束设备整理	1. 实验台完全断电； 2. 整理实训台面成初始状态	

5. 课后作业

在 KNX 实验台上的智能控制面板中设置一个场景，通过 OPC 客户端远程控制该场景。

参 考 文 献

[1] 张玉杰,李栋,郭向阳.基于互联网+的电力载波路灯照明系统设计[J].电子器件,2017,40（3）:651-655.

[2] 曹祥红,张华.住宅 Wi-Fi 智能照明控制系统设计[J].科技通报,2016,32（10）:157-159.

[3] 胡兵,齐斌.KNX/EIB 系统在酒店客房智能控制中的应用设计[J].现代建筑电气,2012,3（2）:40-45.

[4] 夏长凤.基于 KNX 总线智能家居控制系统的设计[J].电气自动化,2016（1）:87-90.

[5] 陈家军.智能照明控制系统的应用现状及发展趋势[J].中国新技术新产品,2016,02:26-27.

[6] 关键.建筑电气照明节能设计的探讨[J].科技创新导报,2015,22:129-130.

[7] 束中明,李喜田.施耐德电气 KNX/EIB 智能控制系统天津生态城项目节能应用[J].智能建筑与城市信息,2011,03:103-106.

[8] 陈海华.LED 是现阶段光效发展最快的光源[J].电气应用,2014（06）:13-14.

[9] 蒋月红,马小军,殷文龙.智能照明控制通信协议的应用分析[J].电气应用,2013（18）:28-32.